BOOK

新自然主義

BOOK

新自然主義

森林大滅絕

Strangely Like War
The Global Assault on Forests

森林消失後，土地失去覆蓋
蟲鳥禽畜失去棲息地，人類只剩沙漠化

戴立克·簡申（Derrick Jensen）／喬治·德芮芬（George Draffan）著

森林生態學家與
自然書寫家 金恒鑣 導讀　黃道琳 譯

關於蠻野心足系列

　　人們認定的經濟成長存在著根本迷思，因為何謂「成長」的定義權，早就讓渡給官員及企業所指定的專家學者了。越來越多人得了憂鬱症，癌症高踞國人死亡病因之首，而這就是這些學者專家的經濟成長理論帶給社會的大禮物。我們不禁要問：為什麼在主流文化裡，我們所認定的「優勢」，不管商業的、政治的，還是教育的，這些固有思考沒辦法讓我們擁有一個健康永續的生存環境？而究竟什麼才是真正值得追求的「富足人生」？

　　蠻野心足生態協會應被視為一個教育單位。我們希望透過各種各樣的活動及文宣，讓社會裡最有潛力，最足以大規模破壞世界的社會份子，人，重新檢討這萬年以來根深柢固的觀念：亦即重新檢討在「農業革命」後所累積，立基於「求新求進／永遠不夠」的想法。同時，也希望促使人們思考如何創造另一個願景。那麼，要如何判斷這個願景是否「正確」？我們可以基於李奧波德（Aldo Leopold）在《沙郡年紀》所提的標準：「我們要判斷某件事物的對錯時，只要了解那件事物對於生命社區（biotic community）的整體性、穩定性及美，究竟是產生正面還是負面影響；若答案是正面的，那就是對的事物，反之，則是錯誤的。」

其實，用這麼簡單的道理就可以從上述的學者專家手裡，把經濟及其他「專業」領域的「解釋權」拿回來，讓民眾依照土地倫理、生命平等權的原則來真正參與台灣社會、政治的重要事宜。但是，若按照人類現在的生活與消費模式來看，民眾的生活越來越趨於專制化、單一化，可說是只為方便而生、迷信專家學者所定義的國際化、全球化等等，這已經產生嚴重又普遍的不安。該如何才能說服一般民眾，如果繼續過這種生活，必將嚴重傷害自己，也嚴重地傷害其他萬物！

這一系列書籍都是種子，或許也是子彈，它們將問題釐清，刺激思考。「心」改變了之後，應該還可從書裡面的內涵獲取足夠的東西，然後開始採取「足」（行）動。

從《商業生態學》（*The Ecology of Commerce*）到《森林大滅絕》（*Strangely Like War*）、《迷途知返》（*Mid-Course Correction*）等書，蠻野心足系列基本上將秉持這樣的思考選書；透過這一系列書籍讓讀者了解，我們需要的是一個來自於民眾的覺醒，一種全面性的力量。我常想，所有的事情不過只是一個現象，本質上沒有好，也沒有壞；它只是提醒我們，用平常心觀照世事，珍惜活在當下；我無法期待什麼必然會發生，但總有一點希望之光能讓我抱持著，往未來走去。

本書總策劃、台灣蠻野心足生態協會創辦人

《森林大滅絕》目錄

原本綿延兩岸的北美天然林，不過一個世紀的時間，美國原有的森林已有 95% 被砍伐。把森林賣給木材公司的費用，甚至低於伐木道路的鋪設費用。納稅人，你正賠錢砍光自己的森林！

森林孕育各種生命智慧，是原住民與棲息生物的家和獵場。把森林說是原始而野蠻的荒野，目的是為了趕走棲息者並奪取整座森林。

政府把森林發包給林業公司，但不能連監督責任也隨之讓渡。政府必須承擔責任，讓森林管理兼顧生態保育和環境保護。

為了更便宜的農場和原料摧毀森林，也帶來戰爭和衝突。

第九章　全球化就是為了生產創造消費　155

已開發國家過度消耗浪費已經資源枯竭，便藉由各種跨國資金、開發合作，和降低關稅等手法，到低度開發國家和地區巧取豪奪森林資源。

第十章　我們正不斷消耗整個世界　177

跨國企業廉價取得資源，把環境、生態、社會成本留給在地，以低價傾銷摧毀在地經濟，惡性循環使地方自然生態無力抵擋跨國資金的掠奪，處境更加危殆。

第十一章　無效的解決方案　201

我們不需要徒具公文的「民眾參與」；不需要由企業及政府菁英主導的「社區林業」，我們需要的是，地方百姓能對土地與市場，相互善待地監控；我們需要的是，投向森林的復育生態學工作。

第十二章　棄絕吉爾伽美什的應許　223

我們可以引領朋友，讓他們見識森林和林中生物的美；我們還可以問問森林，他們想要什麼？我們能為他們做什麼？我們不再追求吉爾伽美什的虛妄應許，並以虔敬謙卑之心重回森林。

附錄

國土永續政策必備的思維

　　本書兩位作者戴立克‧簡申及喬治‧德芮芬從全球化的觀點探討跨國企業如何藉由購併、貸款、軍售、投資、政治等方法，大肆砍伐森林，對生態造成無法彌補的浩劫。雖然作者所提出的論點，認為防止森林消失是政治問題，並不是技術問題，未必完全適用於台灣。然而，他們認為在地住民的覺醒，並且以行動支持森林保育，是化解森林危機的關鍵所在，卻提供我們重要的啟思。

　　最近幾年來，政府大力推動「永續發展」、「國土規劃」，愈來愈多的民眾了解山林保育的重要性，但是如何具體落實卻還有一段距離。其中重要的一個原因便在於，我們還沒有深刻體認到山林保育和每一個人日常生活息息相關，砍掉一棵樹木對生態所造成的影響，最後仍會波及到我們，只是時間早晚而已。這本書剛好可以彌補山林保育的盲點，讓我們了解必須學會如何與大自然共生共存，才是避免環境生態惡化的根本之道。

　　《森林大滅絕》這本書舉出許多例子，說明山林利用與保育糾結難解的幾個關鍵。包括政策上對於山林開發的不當補貼；全球化浪潮正嚴重地傷害在地文化，尤其是原住民的森林文化；以及由企業鼓勵的過度消費，如何控制了我們的生活，同時也宰制了森林的存亡。這些令人怵目驚心的例子，

也提供政府推動永續發展新思維。因此，無論是從民眾山林保育教育，政府擬訂政策，我都鄭重推薦這本好書。

余紀忠文教基金會董事長

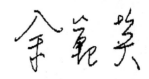

對環境保護更深層的認識

　　這不是一本容易讀的書，但應該值得台灣關心環境的人一讀。本書一開始由關心環境保育者所熟悉的森林砍伐（特別是書中一再重複，大的林業公司常用的皆伐），對生物多樣性、野生動物、水、土壤造成摧毀性的破壞，來陳述保護原生老生（齡）林的重要。所舉例子多半是美國，特別是美國西北太平洋區的案例。這當然與美國現存的老齡林多半在西北太平洋區，以及作者們長期在此致力於與林業公司、林務署奮戰的背景有關。這些陳述對台灣的環境運動工作者而言，讀起來並不陌生；在某些章節中或許還會覺得太簡單粗糙。不過本書的作者可能並不止於陳述砍伐森林對人類生存環境的破壞，而是在導引思路單純——僅僅著眼於愛護大自然的環境保護人士，對全球森林的毀滅問題有更深一層認識。

　　身為長期保護老齡林而奮戰的環境運動人士，作者寫出：「當想要阻止我們的文化破壞某部分野生大自然，所有的失敗都是永遠的，所有的勝利都是短暫的。」；「解決之道。在精神層面。問題出於我們整套生活以及對待世界的方式。」我們可以感受更深一層的悲哀：環境的破壞導因於工業化以後的文化與體制所造成的政商利益共犯。當我們將視野由美國（台灣）放大到全球，本書亦對「全球化」、「自由貿易」等當前主流思維所認為非進行改革不可的發展途徑提出深刻

的批判。當然，以本書的篇幅所限，光閱讀本書可能會讓很多讀者有無法消受的沈重。不過書中強調的警句如：

「環境評估報告和環境影響說明書的目的，實際上並非是要幫助大家針對任何事情做出明智決定，而是企圖把很久之前便已做成的決策正當化。」

「政府如此經常支持產業的另一原因是兩者之間存在著旋轉門。」

「全球化就是這個寄生、貨幣化、商品驅動、不公正、單作式的社經體制從帝國中心向邊陲擴展的過程。」

確實可以讓關心台灣環境的人，進一步地審視當前台灣環境保護運動的困境。

作者們最後的宣言：「立即讓尚存而未開拓的森林維持原狀，將工業性林業範圍局限於現有的人工林；一旦我們知道如何做，盡早把大部分，而後全部的人工林回復成天然林。或許，最重要的是把土地控制權還給屬於土地的人。」或許可以做為台灣自然保育工作者檢視台灣林業政策、保護區、國家公園與原住民還我土地運動等問題的參考。

東華大學退休榮譽教授

找回森林與人及生態的連結

　　過去數年來，無論所謂的 G-8 高峰會議在何處舉辦，總會有「反全球化」人士遊行抗議的新聞，大多數國人大概均無法理解那些人士所為何來。

　　台灣是全球化中的重要成員，「台灣奇蹟」即為全球化下的成果，但也因受益於全球化，我們必須開始思考其負面效應。本書談的是在全球化下，世界流通量最大的原物料之一——木材與其衍生物紙漿——其產出過程對產地與居民的影響。就木材與紙漿自產與進口的比例而言，台灣為全球進口比例最高的國家，但我們很少思考這些原物料來自何方？對產地衝擊為何？甚至產地居民如何看待我們？去年在參加一項國際研討會後，回程中因緣際會和一位大英國協副秘書長比鄰長談；他特別提及大英國協中許多南太平洋的成員均為台灣重要的木材與漁業資源來源地，並談到當地對台灣的觀感；綜其所言，台灣並不是地球村中一位好鄰居；身為全球化受益者，我們沒有盡到應盡之責。此書讓我再次思考我們在全球化中所扮演與應扮演的角色。

　　拜讀完這本書後，第二個映入腦海的想法則是林業這個名詞已與「生態破壞」劃上等號，亦讓身為從事森林教學與研究的我深思。我查了牛津與韋氏（Merriam-Webster）字典對於林業（Forestry）的解釋。前者解釋為 "The science and art of forming and cultivating forests, management of growing timber"；後者則寫 "a: the science of developing, caring for, or cultivating forests b: the management of growing timber"。林業之所以成為「生態破壞」代名詞，與傳統上僅著重上述解釋的後半段，而忽略其中與人（art）及生態（caring for）的部份有關。竊思恆鑣兄要我為此書寫下觀點之目的，便在提醒如我者應思考如何匡正補錯，能達森林永續之目標，謹此誌之。

臺灣大學森林資源暨環境學系教授

關秉宗

岌岌可危的天然林

　　森林是大地之母，也是人類文明的起源。但令人不安的是，地球上最寶貴的天然林，還是正以驚人的速度消失中。本書揭露國際政商體系及資本結構如何以檯面上下的手段，在全球各地蠶食鯨吞天然林的過程，並呼籲森林經營應該重視在地居民的傳統智慧，以及居民們參與森林規劃管理的權利，而不是受到剝削。

　　林務局近年來除了妥善保護天然林，也透過運用社區林業、FSC 等國際森林驗證制度、原生樹種生態造林、抑止非法木材進口、提升木材交易合法性、推廣國產材標章及里山倡議等相關政策工具，希望強化森林永續經營。

　　本書作者希望喚起人們意識到森林資源在全球已經岌岌可危，藉此引發更多投入森林保護與經營的具體行動，回饋大地之母無私地孕育，值得一讀。

行政院農業委員會林務局局長

森林善治：從管理走向治理

森林的永續經營雖是普世認同的價值，但森林滅絕的危機卻從來不是危言聳聽，特別是在全球化的浪潮之後，經濟化與產值化的思維更加速人類對森林資源的掠奪。

作者指出，森林保育政策在不公正的體制之下，任由權力體系操弄，無謂民眾參與以及民主程序。面對文明價值的選擇，我們期待政府以「森林治理」的視野強化公私部門的協力，重視多元利害關係人的對話與肯認，還給森林經營本來的樣貌，以達善治。

「我們人類來自森林，我們將回到森林」。福田在全國各地奔走搶救罹病的老樹，傾聽每一棵樹的故事，珍惜每一棵樹的生命，期能見樹又見林，竭力成就健康的綠林，與全民共享。

福田樹木保育基金會執行長

【非序】

聆聽天籟與澄明本性

　　2005 年 5 月 9 日，「台灣蠻野心足生態協會」傳來《森林大滅絕》一書的中譯稿，要我先睹為快，不料通篇各章節瀏覽下來，我只有一種感受，只消將人名、地名等更換，這本書一折不扣地就是台灣林業史，作者的口誅筆伐或苦口婆心，伐木單位或勢力的種種暴行，假科學、偽科學、所謂專家、學者的包庇惡勢力，台帳或官僚系統的造假，所有終結未來生機的的邪魔與貪婪，台灣與全球同步，人性的墮落無分膚色、國界與時代。

　　這本書就像是我過往二十年，搶救台灣山林的日記，因此，我不會寫「序」，我只知道無止盡的痛！而作者底層的價值觀，駁斥伐木者的理由，由心性、意識、生態主張，到抗爭等等行徑，幾幾乎乎就是我在台灣的原版紀錄片，全球人種的悲劇通通一個樣。

　　然而，我不再一味地聲討、抗爭，並非我妥協，恰好相反，而是更積極投入教育、文化、價值哲思的改造工作，也就是從事人才的培育與價值的顛覆，且以更柔軟的途徑，行使更大的堅定；另一方面，則繼續進行另階段的自然學習或俗稱

研究調查，因此，我毋寧對本書涉及自然文化與宗教的部分，懷有另類想法，但此部分似乎並非一般序文的旨趣。

讀者朋友們，不妨隨著作者俯瞰全球的角度，嘗試去瞭解產生人類文明、文化的搖籃－森林，以及百年來文化母體（森林）悲慘的命運，同時或可思考，身為生界的一份子，我們可以在何等面向，善盡一個地球人的天責。

1990 年代，我曾經為文感嘆：「長久以來，我一直存有個溫柔的遺憾，也就是無能與同胞分享我在荒野獲致的驚異、感動、喜悅、冥思，以及數不清的，來自自然的啟示與震撼」，我堅信：「如果我們可以從哲學、文學、科學、藝術，得到先哲的肯定與慰藉，我們更可以從自然生界得到終極的溫暖與和諧，就像我們的老祖宗之所以歌、所以頌、所以興，絕不會從蒼白大地所產生」，而自然生界對台灣以及全球太多的國家而言，就是山林。

千禧年我在北台鳥嘴山下，作植群調查之際，調查簿上書寫了一段話：「在此林間坐定，巨木筆直參天，這檜二千高齡，那株千八；這株長尾柯正老朽，那株狹葉櫟茁壯中；千百物種，老、壯、青、少，絕妙妍美，無以名狀。眼前所有的樹齡相加超過萬年，而萬年來牠們從來沉默，那等美感與力道，只有沉默能解！」

2005 年 5 月 8 日，暴梅大雨來襲的這一天，我正在南橫瓊楠、菲律賓樟的巨木林下作調查，斜雨中雙耳鳥叫滿聽，和著霧茫茫的天地，我徹底了知每種物種不可知的深邃與奧妙，原來我所謂研究植物，不過是研究我自己，我既不可知，

遑論植物千千萬萬，我未曾真正識得任一物種，恰似我未曾究竟自己。

2005年一週天的梅雨，台灣處處成災，自然界在天然林被破壞三分之二以上之後，十五年來大地的反撲罄竹難書。回顧來時路，該說的話、該作的事，似乎我已嘗盡。展讀這本遲來的山林天書，我只想跪求天地，但願產生人類一切天性的山林，不要棄絕人類，上蒼有好生之德，再度賦予人種天眼敞開的能力，聆聽天籟與澄明的本性。給予山林一線生機，也就是給人種自己一份希望！

成功大學台灣文學系教授兼系所主任

摧毀自然之基石，
豈有永續之生命？

青蛙不會飲盡生存於其中的池塘之水
—北美印第安人諺語—

　　繼《商業生態學》之後，幸福綠光出版了《森林大滅絕》一書，這是緊密的連結。前者焦點為商業活動如何可不破壞生態與環境，而後者深入分析摧毀森林的社經與政治牽連。事實上，生態保育與環境保護的政治層面，其重要性必不亞於商業層面。《森林大滅絕》讓讀者更深入地就重要生態議題——森林的經營，做綜覽性的了解，並為當前的林業經營提出建議與對策。

　　人類利用森林的知識與科技的進展，一直凌駕於了解與維護森林健康的知識與行動。

　　天然的森林不是人類投資與管理下的產物，人類卻視這些森林中的木材與其中的各種天然物（如，花、果、種子、樹皮、蕈、纖維、染料、藥材，甚至野生動物，水生生物等等）為天賜「人類」，是無盡與免費的資源；是人類的私產，人類可以毫不節制地予取予求。於是，多樣與多產的天然林越

來越少，代之以低廉與單調的人工林，甚至淪為荒涼之地。這使得《森林大滅絕》的作者不僅要問：人類對待森林，為何有如面臨大敵般趕盡殺絕，欲攻陷、摧毀而後快？

試舉數個例子說明人類摧毀森林的戰績。1960 年全球尚有四分之一的天然森林地，過了二十年，1980 年剩下五分之一，到了 2000 年只剩下六分之一了。如果再回溯往昔，法國曾經有百分之八十的土地是森林，到了十八世紀末，只剩下百分之十四。美國在 1630 年到 1920 年之之間，摧毀了美國國境內約百分之三十五的森林。八〇年代的熱帶林，每年摧毀率為 1,130 萬公頃。

地球上供應人類生活所需與文明演進基礎的原始森林，如今所剩無幾；森林提供的產物與服務的質與量也如江河之日下，變得貧乏不堪用了。然而，森林可改善生命所需的環境（新鮮的空氣、清淨的水質、適宜的氣候、肥沃的土壤），提供人類生活的需求（建材、薪材、藥材、蛋白質與心靈慰藉等等），並且滋養全球三分之二的物種。人類曾利用木材造船，才能登上南半球的島嶼與澳洲大陸；人類利用木材，製造了第一架飛機，開啟了航空的紀元。木材是造紙的原料，其對文明的貢獻，到了二十一世的電腦時代，仍然扮演舉足輕重的地位。人類失去了森林，文明是不能持續演進的。沒有了森林，人類會窒息、口渴、挨餓；人類的心靈會枯竭。

人類的文明像一輛列車，靠著路途的森林資源前進，然而這趟文明列車行駛的途中，已摧毀了全球約三分之一的森林，倖存下的森林命運也岌岌不保。列車靠著森林資源向前

衝刺，森林面積也跟著快速地減少。這列車行過的地方，農地、都市、工業區——出現與擴張，河川、湖泊、土地、海洋與天空越來越污染，動植物等生命與生態系逐一滅絕。人類雙眼只看到車頭的前方，有一片生氣盎然的森林世界；不顧車尾的景觀，一個死寂的荒涼廢墟。人類腦海中幻想前程的榮景，在有空調的狹窄車廂內，盡情揮霍資然資源，作樂享受。

　　長年關心全球生態與環境問題的本書作者戴立克‧簡申與喬治‧德芮芬在《森林大滅絕》一書中，公開我們對這個地球的護命使者——森林，是如何毫不留情地施暴及卯足全力地摧毀的過程。他說：「這是一場不可思議的戰爭。我們攻擊森林有如殲滅大敵，我們摧毀敵人的據點，逼迫敵人到死角，最後一舉殲滅四處潰散的敵人。」

　　他苦心地統計全球森林破壞的狀況與面積。他指出，一項資料顯示全球的熱帶林以每秒約十公頃的速度消失了，而美國的原生林面積已不到原始的百分之五。他苦口婆心地說明森林摧毀的結果，不止原住民居無定所，他們的生活資源無所著落，傳統智慧與文化淪喪，其他多樣生命亦無法倖免，許多地方造成大氾濫與大旱災，土壤沖失與土石流加劇。利用木材製漿造紙的過程，污染空氣、水與土壤，塗炭著難以計數的生命。

　　他分析人類摧毀森林的根本原因：統治層級的無能與腐化；林產工業者的短視與利潤追逐；人類的貪婪本性與揮霍無度地消耗資源的惡習。

他要我們想像森林摧毀殆盡後的景象與人類未來生活的光景。他警告摧毀森林是潰渙文明的前一步，該書的最後一章便是提醒我們別重蹈五千年前古巴比倫文化所述「吉爾伽美什史詩」的覆轍。

最後，他提出我們要建立生態倫理觀，正常化的對待森林生態系。

現在，讓我們正視並反省台灣的森林現況與前途。該書中曾經引用一份一 1997 年《世界資源研究院》的報告：台灣的原生林有百分之九十已消失了。當然這是言過其實，不過我們說台灣的原生林有一半以上消失了絕不為過。我在此處簡略地談一談台灣的森林現況與經營狀況。

台灣的自然環境具備了森林發生的條件──高溫多雨。台灣島過去與亞洲大陸相連，不缺物種來源，因而發育成茂密與豐富的森林地景。最近數世紀來島上的人類活動，逐漸移除平坦低地天然森林的全數，也相當程度地破壞了中海拔的天然林。雖則如此，全島森林面積還有六成，不能說上天不夠厚愛這個島嶼。空照下的台灣島嶼，除了西部較低地區及東部數個沖積平原與隆生台地外，森林覆蓋著陡峭的山嶽地帶。

台灣的森林多為國有林及公有林，兩者加起來約佔全島林地面積的八成強，因而，森林經營的成敗應由國家機器承擔。台灣的森林政策為伐後必得造林，人工林佔全部林地的二成（約四十萬公頃），分散在地形較為平緩與肥沃的森林山區。自 1991 年起，政府已禁止砍伐天然林了，但是人工林

的木材產量微不足道，所以木材及其製品（如紙漿等）已全數皆靠進口。

當政府不再伐天然林，而人工林未達商業交易條件的情況下，盜伐大面積森林已成絕響，雖然單株盜砍未能完全禁絕，但是捕殺森林內的野生動物時有所聞，這是破壞森林的延伸，我們必須重視。因此森林保護的重點工作，林務單位是不能不重視的。森林管理單位應熟嫻當前的保育生態學理論，應採用先進的科技（如監測系統與資訊管理學，模式製作與預測能力），有長期計畫仔細了解台灣森林的生態價值，並有實際管理的行動與能力。在全球環境變遷的憂慮及全球化經濟的浪潮下，林務相關組織（研究、教學、管理等單位）要有前瞻性的思維與行動力，不能以過去陳舊的思維面對變遷中的生態與環境。設法恢復已破壞的森林，復育生態功能不彰的森林，更要保育未遭受破壞的森林，這都要靠知識科技與行動力。

上述這些化思考為行動的關鍵是知識的提升與生命倫理的建立，因而只靠現在已有的知識是不為功的。在職訓練、培育新人才的計畫必須與理想的管理配合。惟有如此，台灣的森林管理與森林本身或許有光明的未來。

森林生態學家與自然書寫家、前農委會林業試驗所所長

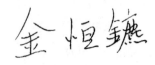

前言

森林，是我們神聖的母親，
她孕育了和自然萬物和諧一體的生態文化；
森林中的生活經驗，正是人類知識的泉源。
如今，她本身卻成了戰爭的受難者，
這場戰爭，把自然當成原料；
把生命化作商品；
把多樣性看成威脅；
把「毀滅」視為「進步」。

森林一直是教我認識和平、多樣性、民主的老師。各式各樣的生命型態，無論是大是小，會動與否，無論棲於地上或地下，無論長著翅膀、腳或葉子，都在森林之中佔有一席之地。森林教我們瞭解，多樣性是和平的先決條件，民主所不可或缺。

我在喜馬拉雅山森林的懷抱之中長大。當該地的農婦發起棲窠（chipko，即擁抱樹木）運動時，我放棄原來的物理研究，轉而投身環境研究及相關行動。

森林一直在印度扮演極重要的角色。人們把森林奉為阿蘭若妮（Aranyani），亦即森林女神，是生命和繁殖力的主要來源。森林被視為群落社會演化的典範，森林的多樣、和諧與自足等特質，已成為印度文明所依循的準則；所謂阿蘭若桑士克利提（aranya samskriti，可粗略譯為「森林文化」）並非原始落後之況，而是自覺的選擇。根據泰戈爾（Rabindranath Tagore）的看法，印度文化的獨特處在於它把林中生活視為文化進展的最高型態，他在《森林學校》（Tapovan）一文寫道：

「當代西方文明係以磚木構築，立基於城市。印度文明之獨特，在於它不由城市而從森林中汲取物質及知性的更新力量。在印度，最好的想法總是從離群索居、神參水木的環境下產生。森林的寧靜助長了人類的知識進展；森林文化推動了印度文化。在森林中崛起的文化不斷受到森林中與時進行著的種種再生過程影響，其中包括不同物

種、不同季節、不同形聲味的轉變。於是,多樣性生命或民主多元論此一統合原則乃成為印度文明的基準。

印度思想家不受磚木銅鐵的束縛,他們身居森林之中,與林中生命結成一體。活的森林是他們的庇護所,是他們的食物來源。人類生活與活的自然之間的親密關係成為知識泉源。在這套知識體系之中,自然不是靜止無生命的。森林中的生活經驗讓人充分理解到,活的自然乃是光與空氣、食物與水的來源。」

作為生命之源,自然被賦予神聖地位;而人類的演化則以人類在知識上、情感上、精神上與自然之步調及模式相契合的能力做為量度標準。因此,森林孕育出一種與自然和諧一體的生態文化,而這正是最根本的生態文化。經由參與森林中的生命而獲得的這種知識,不但是阿蘭若迦(Aranyaka,即《森林書》)的主要內容,也是部落及鄉村社會日常信仰的精髓。作為地球繁殖力與生產力的極致,森林則被賦予另一個象徵型態,即大地之母或槃那杜伽(Vana Durga),或說樹木女神。在孟加拉,她跟席歐拉樹(sheora,學名 *Trophis aspera*)有關聯,也跟婆羅雙樹(sal,學名 *Shorea robusta*)及菩提樹(asvathha,學名 *Ficus religiosa*)有關聯。在庫米拉(Comilla),她被稱作巴曼尼(Bamani);在阿薩姆,她被稱作魯佩斯瓦里(Rupeswari)。在俗民及部落文化裡,樹木和森林被當作槃納狄瓦塔(Vana Devata,即森林之神)奉拜。

但是，森林——我們的神聖母親，教導我們和平與安祥的老師——本身卻逐漸成為戰爭的受難者。這是一場由單一農作心態的暴力所引發的戰爭，該心態把自然視為原料，把生命化為商品，把多樣性當成威脅，把毀滅視作「進步」。在《森林大滅絕》一書裡，戴立克‧簡申與喬治‧德芮芬向我們展示了我們這些活生生的守護者所遭受的恐怖攻擊，以及我們真正的安祥如何被摧毀。

凡丹納‧席瓦（Vandana Shiva）

2003 年 8 月 8 日

附註：凡丹納‧席瓦（Vandana Shiva）是《遭竊的收成》（*Stolen Harvest*）、《綠色革命的暴力》（*The Violence of the Green Revolution*）、《水源戰爭》（*Water Wars*）等書作者。她是印度頂尖的物理學家，也是國際聞名的環保人士，曾獲頒有「另類諾貝爾」之稱的正確生計獎（Right Livelihood Award）。

第一章

文明所至，森林遭殃

原本綿延兩岸的北美天然林，
不過一個世紀的時間，
美國原有的森林已有95%被砍伐。
把森林賣給木材公司的費用，
甚至低於伐木道路的鋪設費用。
納稅人，你正賠錢砍光自己的森林！

情況彷如戰爭，令人不可思議。他們攻擊森林，像是對待敵人般，必須將之從灘頭陣地擊退，趕入山區，令之潰散，而至全軍覆沒。許多與事者認為他們不僅是在生產木材，而且是在將土地從樹木之中解放出來。

墨瑞・摩根（Murray Morgan），1955

滅絕，接踵而至

　　就在我們寫完本書當天，一群科學家宣告：另一個虎亞種又在野生地成為滅絕了（只剩下圈養的虎隻意興闌珊，為了讓牠們繁殖，還得用上威而剛）──又成了「滅絕」，這是多麼消極的說法！彷彿我們不知原因，也無法歸咎，這無異於我們只等著說謀殺案的被害者喪命了，或是說縱火案的被害者決定搬走。

　　華南虎加入了其近親裏海虎、峇里虎、爪哇虎的行列，這些全是伐木、築路以及透過種種藉口而進行森林砍除的受害者。無庸置疑，其他虎不久也將步上後塵。

　　森林被砍伐是因毛澤東認為「人定勝天」，還是因為世界銀行決定「人類必須開發自然資源」，這對虎而言並不那麼重要。關鍵是，森林被砍了，也就是虎的末日。

　　全世界的森林正處於危殆之中。全球原有的森林大約有四分之三已經被砍伐，其中大多發生於上個世紀。剩下的大多分布於三個國家：俄羅斯、加拿大、巴西。美國原有的森林已經有 95％ 遭砍伐。

我們不知道殘存的森林以多快速度消失，也不知道美國境內每年砍掉多少英畝的森林，以及其中有多少是老生林。我們將在本書提出估計，縱令有關目前砍伐規模的資訊甚為不足，但足以揭露真相：整個情況已經嚴重失控。

走過一片片，你出錢砍光的林地……

美國林務署及土地管理局把公有林的林木，意即屬於你的東西賣給了大型木材公司，其售價往往尚不足以支付執行標售案的行政開銷，更遑論反映全額的市場價格。舉例來說，阿拉斯加東南部東加斯（Tongass）國家森林的四百年老齡鐵杉、雲杉及側柏以低於起司堡的價格賣給大型木材公司，而伐木所需的道路也是由納稅人出錢鋪設。林務署每年因標售林木而損失數億元。換句話說，如果你繳稅，你是在出錢砍伐自己的林地。

如果你住在尚有或曾有森林的美國西部、西南部、南部、東北部、中西部、阿拉斯加或任何其他地方，你很可能曾經見過或走過「皆伐地」（註1），這有時候是一平方哩接著一平方哩的土地被砍伐了、被刮削、被輾壓，和施以除草劑。你曾見過山脊線上的孤樹側影，也看過原本濃密的森林變得一英畝只剩幾棵樹。你曾經猜測而後證實，這幾棵樹得以留存下來，是為了讓林務署和大型木材公司能夠宣稱他們並未將這片土地皆伐。或許，你假以時日重回當地，卻見那幾棵先前還在的樹也已經消失。

森林砍伐背後的化妝師

當開車經過兩側有樹的高速公路，你可能會靠邊停下來瞧瞧，卻發現猶如西部電影那種只有門面的商店街景，在這裡看到的就是如此虛而不實：路邊只有數碼寬的土地還長著樹木，再過去便又是皆伐地。路邊只留下狹長的林木帶，擺明了連木材公司和政府機關都知道工業性林業可得遮遮掩掩，這些林木帶狹長而為數眾多，欲蓋彌彰，可稱之為「化妝邊林緣」。

為你自己，以及森林行個好事——下一回當你在大晴天搭機飛過一塊曾是森林的地區時，往下瞧瞧，注意看下面那片由皆伐地構成，像是百衲被的圖案；注意看連接皆伐地與殘碎森林的道路，這些道路每逢豪雨便流失，土石沖過河床，破壞漁場。

位於大陸上的美國境內，目前只有 5％原生林尚存。單單在國家森林之內，就有 44 萬哩林道。林務署宣稱林道「僅有」38 萬 3 千哩長，但他們向來不說實話；林務署有兩套帳簿：一套自用的，呈現了實際的皆伐情況；一套公開的，則把某些皆伐地列為老生林。他們將皆伐地稱為「暫時草原」，將林道的修築費用攤成一千年勻支以降低其帳面價額，凡此種種皆是誤導公眾的技倆。這樣的林道哩數比州際公路系統還要長，相當於從華盛頓特區到舊金山一百五十趟的車程。至於有多少哩路把森林弄得支離破碎，那只有上帝和樹木本身知道了。

過去的豐饒與今日之貧瘠

　　這塊大陸洲上的森林並非一向是由日益衰敗、逐漸孤立的自然群落拼湊而成。在我們的文化來到此地之前，整個東海岸全是連綿的森林，以至於有句老話說，松鼠在樹冠上向前跳，可以從大西洋一路跳到密西西比河而不落地——當然，如今松鼠也可以沿著車道爬行而不觸及土地。

　　過去南至德拉威灣，猶可見北極熊的蹤跡；而在新英格蘭，貂難計其數，森林犛牛也在同一地區出沒；旅鴿成群凌空飛過，如雲蔽日達數天之久，極北杓鷸也是如此；河海之中滿是魚隻，只要沉籃入水，即可捕獲。從緬因到佛羅里達，美洲栗樹密密麻麻長在中央阿帕拉契山脈的乾燥山脊上，當樹冠長出乳白色花朵時，山上猶如覆著一層雪。在歐洲人前來「開拓」（其實是征服）美洲之前，這裡根本沒有什麼「老生林」、「原生林」，也沒什麼「古森林」，因為所有的森林都是混生老生林，都是原生的，都是多樣而古老的群落。我們活在當今這個生態極度貧瘠的時代，因此恐難設想上述種種豐饒情境，但這些都出自於年代相隔不遠的記載，只要花點功夫便可找到此等文獻。

　　全世界的森林都處處淪陷。一項估計指出，每秒鐘有2.5 英畝森林被砍伐，這相當於兩個美式足球場面積；每分鐘砍掉 150 英畝，每天砍掉 21 萬 4 千英畝，面積比紐

約市還大；每年砍伐的森林為 7,800 萬英畝（121,875 平方哩），面積比波蘭還大。

正如我們將於這本小書探討，國際性森林砍伐與國內的森林砍伐係出於相同原因。事實上，森林砍伐者常常是同樣幾家大公司，它們倚靠著同樣的政治勢力，服膺於同樣的經濟指令。

馴服大地的妄念

森林砍伐的辯護者一向宣稱，既然被征服前的印第安人為了改善鹿和其他動物棲地，有時候會放小火燒林，藉此「管理」森林，那麼工業性的森林「管理」，亦即森林砍伐，也是可以接受的。這種論調就像化妝邊林緣一樣謬誤而不能服人，其居心也如出一轍，是為了讓我們忽略森林砍伐的事實。這好比是說，因為有人曾經修剪過其夥伴的指甲，所以我們也可以砍掉後者的手指。

今天，我又在《舊金山紀事報》評論版上讀到這種議論，撰文者是美國林業公會北加州分會前主席凱伊（William Wade Keye）。他寫道：「原住民對北美地景加以管理，他們伐木放火，藉此維持森林的良好狀況，我們沒有理由不能盡到同樣或更高的監護職責。」事實上，理由一大堆。印第安人與土地相依為命，他們把自己看成土地的一部分；他們未曾以侵占之姿來到這塊地方，也未曾發展出掠取性的經濟。他們不曾參與一個視金錢重於生命的經濟與文化，他們沒笨到發明出鏈鋸和伐木堆材機

（裝設輪子的巨型剪具，可在地面上滾動，同時伐木並聚堆）。聰明如他們，不曾發明碎木機或紙漿廠，也不曾發展一套金錢獨尊的經濟體系，以及股份有限公司。他們未曾向海外輸出滿山滿谷的木材。他們認為樹木及其他非人類生物也是有智慧的生命體，這些生命之珍貴不容忽視，但其珍貴並不在於它們是長在樹幹上的金錢，不在於它們是可加以管理經營的資源，甚至不在於它們是什麼資源。他們的宗教信仰並不包括「馴服大地」的訓令，他們的宇宙觀，也不是建立在「人必須勝過人類與非人類鄰居才算成功」這種荒謬想法之上。

印第安人未曾馴服大地。在我們文化的軌跡中絕對找不到任何跡象，可供引申出我們能夠「盡到同樣或更高的監護職責」。從我們文化的今昔作為來看，鐵證如山的結論是：不論砍伐者如何巧辯，森林的摧毀將繼續下去。而一如往昔的文明，生態崩潰終將導致我們的衰亡。

我們將走向何方？

你不必相信我們；你甚至不必相信那些早期探險家就當時情況所寫的記述，那些豐茂無比的原生林；尤其不必相信那些木材業及政府高薪聘用的說謊者——終究，真理不在他們的話中，甚至不在我們的話中，真理就在地面上。你自己出個門，到皆伐地走一遭，用指尖揉揉乾土，到乾涸殆盡的溪床看看；聽一聽空氣中的死寂，只有鏈鋸的低鳴和遠處運材卡車的隆隆聲響。到倖存的古森林裡走

一趟，其中樹木有些已達兩千年高齡，把手掌放在它們的樹皮上，在它們的皮膚上，品嚐空氣不同的味道，嗅嗅它們，回想那僅存的美麗，想一想已消逝的種種，那些我們被剝奪的東西。

當你哭過之後，如果你想多瞭解當前森林危機，包括我們的處境，我們如何走到這一步，又將走向何方，那麼，就回來把這本書讀完。

何不走進一座森林的美麗與奧秘

我在一座古森林裡散步，四周盡是早在文明來到之前便於這塊大陸上生根萌芽的紅杉。一棵紅杉倒下之後，基部周圍或地下的樹瘤通常會再長出幼樹，因此，當你見到幾棵兩千年老樹擠在一塊地方，先前這兒可能是另一棵巨樹矗立；你很可能會更往前追想，或許再回溯兩千年，回到母樹萌芽的時日。

這座森林地表有許多部分從未受到日曬，樹與樹之間長滿蕨類植物，猶如地毯。身軀大而頭部小的甲蟲在蕨類植物底下倉皇疾行；硬殼馬陸於腐葉堆中蠕動。我每一步都會踩到紅杉樹根的粗糙表層，各棵樹的樹根虬結纏繞，使得樹幹可以在狂風暴雨之中堅挺屹立。我曾經讀到，這些樹根會找尋同伴，結合成互助的網絡——但願我們也會記得做同樣的事。

被最近一場風暴吹倒的一棵老齡橙木橫躺在小徑上，它在倒下之前就已經死去多時，枝條上長著毛茸茸的蘚

苔。當它生長時，它為這個森林奉獻；在它死後，它為活著的樹木奉獻；如今，當它慢慢碎裂分解之時，它將為整座森林奉獻。

我走向一條大溪，站在由千年來落葉所構成的軟泥土上，看到一條鮭魚從窩裡一躍而出。鮭魚身軀巨大，體色深棕，尾巴則由於溯流之旅與擊打溪床礫石，已經變白並有撕裂痕。突然間，一陣聲音把我的目光引向下游，我看到另一條鮭魚正要奮力往上穿過幾道湍流，牠游到一半，可能是無力以繼或發覺路徑不對，便又隨著溪水往下漂。休息片刻之後，牠再度向上滑行，有時候側翻著前進，或許是為了讓身子盡量留在水中，又或許是為了讓腹部盡量不要刮到溪床。牠逆著水勢往前挺進，這一回，牠沒有迂迴，直接選取溪流中最沒有阻力的途徑，讓牠得以最輕易抵達位於末排溪石上方的水潭。牠游向那排溪石中的唯一缺口，這顯示牠具有高超的能力，能夠辨識分析水流，能夠憑著視覺、嗅覺、觸覺而從四周流水的情況，準確預測到上游的障礙。終於牠抵達水潭，迅速游進溪底的黑暗處，我就這樣失去了牠的蹤影。

文明，吞噬了自己的母親

當你想想人類文明的搖籃，也就是當今伊拉克及鄰近地區目前的地景時，心中浮現的是什麼景象？如果跟我一樣，你見到景象會是不毛之地、更加荒瘠的山坡，以及啃食著單調的淡褐色土地上那寥寥幾叢稀疏灌木的山羊或綿

羊。但是，情況並非一向如此。正如佩爾林（John Perlin）在《森林之旅：林木在文明發展中的角色》（A Forest Journey: The Role of Wood in the Development of Civilization）書中所言：「就目前該地荒瘠的情況來看，似乎無法想像美索不達米亞南部一帶曾有廣袤的森林。但事實上，在文明入侵之前，肥腴月彎周圍的大小山上綿延著幾乎完整的繁茂森林。」為了建造最初的大城市以及航行於帝國各地的船隻，樹木遭到砍伐；一旦打造了船隻，又開始從海外輸入木材，用以擴建那些大城市。現今土耳其西南部的側柏大森林，阿拉伯半島東南部的櫟樹大森林，和現今敘利亞的圓柏、冷杉、懸鈴木大森林俱已消失。

　　吉爾伽美什（Gilgamesh, 註2）的故事是人類書寫下來最古老的故事之一，也是西方文化的奠基神話之一。故事中吉爾伽美什為了建造一座城市而摧毀美索不達米亞南部的側柏森林。根據這則故事，時時須以人間福祉為念的蘇美主神恩利爾（Enlil）將守衛森林之責，託付給半人半神的漢姆巴巴（Humbaba），但武士國王吉爾伽美什卻殺掉漢姆巴巴，將森林砍光。恩利爾對砍伐森林者如此下咒：「汝所用之食遭火噬，汝所飲之水遭火吞。」到如今，這些詛咒已經伴隨我們數千年。

　　讓我們稍微往西邊移動，這回，在腦海裡想像一下以色列和黎巴嫩的山丘。我最近問一個以色列人他的國家裡是否有樹木，他回答說：「有啊，我們有許多小樹，我們用手澆這些樹。」這符合我心中的意象，比如說，我所見

過被釘在十字架的耶穌圖像中千篇一律是沒半棵樹的山頂；大多數巴勒斯坦難民營的相片情況相同，以色列屯墾區也是如此。我們在《聖經》中讀到的「流奶與蜜汁之鄉」怎麼了？還有，那些著名的「黎巴嫩的香柏樹」呢？如今，只有在黎巴嫩國旗上還見得到這些樹，其他的早已消失無蹤——被砍去建造寺廟、城市、船隻，被砍去燒火、煮飯、冶金、燒陶、製造種種奢侈多餘的商品。

吉爾伽美什的幽靈無所不在

再往西來到克里特，北上進入希臘，一路上我們見到同樣的情景：文明披靡，樹木遭殃。諾索斯（Knossos）曾經森林密佈，而今此景不再。往昔，邁錫尼文化期希臘首都派洛斯（Pylos）四郊盡是巨松林子；原本蓊鬱的梅洛斯（Melos）變成不毛之地，整個希臘全是這幅模樣。

當你想到義大利時，腦中是否會浮現濃密的森林？森林確曾覆蓋義大利，但它們在羅馬帝國巨斧下一一消失。

北非的情況又如何？你當然不會想到濃密的森林，這片土地跟中東一樣荒瘠。可是在這裡，讓我再次引述佩爾林的話：「過去巴伯人（Berbers）砍伐密林，把木材供奉給他們的阿拉伯主子。從這些山地運出的木材為量甚巨，當地海港因而有『樹港』之稱。」這些木材都是為了打造埃及軍艦。

我們可以繼續下去，行經法國和英國，越過北美洲和南美洲，進入亞洲和非洲。但也倒不必，因為你現在已經

知道情況為何了。

今天，當我們的文化擴散到全球各地，這樣的情況不但持續，而且變本加厲；整個世界上，森林處處倒下。

以1997年來說，奈及利亞已經喪失了99%的原生林，芬蘭和印度也是如此。中國、越南、寮國、瓜地馬拉、象牙海岸、台灣、瑞典、孟加拉、中非共和國、美國、墨西哥、阿根廷、緬甸、紐西蘭、哥斯大黎加、喀麥隆、柬埔寨都至少喪失90%；澳洲、汶萊、斯里蘭卡、薩伊、馬來西亞、宏都拉斯至少喪失了80%；俄羅斯、印尼、尼加拉瓜、不丹、剛果共和國至少喪失了70%；加彭、巴布亞新幾內亞、巴拿馬、貝里斯、哥倫比亞、厄瓜多爾至少喪失了60%；巴西和玻利維亞喪失了50%；智利、祕魯、加拿大、委內瑞拉喪失了將近50%。

當然，自1997年以來，事態已經大幅度惡化。

註1：皆伐地（clearcut）即砍光林地上可出售的林木，為林木界常用術語。
　　　重建人與森林的倫理
註2：吉爾伽美什是烏魯克第五任國王，其即位後的第一件事是殺掉森林之神漢姆巴巴。

重建人與森林的倫理

人類對森林有演化上的聯繫，對森林生態系也有生存上的依賴；人類是離不開森林的，更離不開與森林相關的環境與生命。

我們都知道這層密不可分的關係，卻毫不憐惜、沒有生命倫理地摧毀這個地球上的森林資源。不論北寒林、溫帶林、熱帶林、人類享用著的自然資源，在貪得無厭的心態及揮霍無度的行為下，全球原生林只剩下全部森林面積的兩成不到，而且其中約有四成還飽受摧毀的威脅。我們不難想像森林的功能（例如，生命多樣性保育，全球環境穩定，生態系的服務與產物，先住民的文化維繫，以及對經濟的貢獻），所剩有幾？

因此，保林與維護森林生態系的健康已是當代最急迫工作，否則永續人類便成為痴人說夢了。

第二章

森林不是無主的
木材場

森林孕育各種生命智慧，
是原住民與棲息生物的家和獵場。
把森林說是原始而野蠻的荒野，
目的是為了趕走棲息者並奪取整座森林。

我們絕不會購買用熊、水獺、鮭魚、鳥屍體製造的紙張，不會購買摧殘了原住民文化而製造的紙張，不會購買毀滅了物種和生命而製造的紙張，不會購買把古老森林夷為殘樁及泥地而製造的紙張；但是，當我們購買用皆伐的老齡樹木所製紙張時，我們購買的正是那樣的東西。

瑪格麗特・愛特伍（Margaret Atwood）

物種滅絕！誰是罪魁禍首？

當森林被砍伐時，喪失生命的不只是樹木。森林的損失也是棲居生物的損失，無論是古希臘的獅子，當前濱太平洋西北部的西點林鴞、銀鱒，或是非洲的大猩猩。

因為失去茂密森林而受害及滅絕的動植物很多，而且與日俱增：金冠狐猴、紅毛猩猩、西伯利亞虎（目前僅餘250隻）、斑海雀、美國扁柏（因遭受伐木機具所傳播之真菌感染而死亡）、黑色羚面小袋鼠、指猴、北美圓柏、桃花心木、象牙喙啄木鳥、長尾小鸚鵡、金冠果蝠、賀氏扁手蛙、滑膚扁手蛙、西伯利亞虎、朝鮮豹、小鴞、納氏異鼠、獵隼、赤狼、貓熊等等不勝其數。

科學家估計，平均每天有 130 個物種被迫走上滅絕之路；那相當於每年五萬個物種左右。滅絕的原因不僅出於森林砍除，而牽涉到工業文明更廣泛的影響。不過，森林砍除的確難辭其咎，主要原因在於森林是那麼多物種的棲地；舉例來說，雖然雨林目前只佔全球地表 3.5%，它們

卻支撐了所有已知生命型態的半數以上。美國的國家森林為 3,000 種魚類和野生動物提供了棲地。

　　由於工業措施而有滅絕之虞的哺乳類當中，75％係因森林棲地喪失而受到威脅；以鳥類而言是 45％，兩棲類是 55％，爬蟲類是 65％。

　　有些工業性林業（註1）的辯護者，即便承認地球上還存活著人類以外的生物，而摧毀這些生物的棲地確有絲毫會對之造成傷害的可能性，他們依然論稱：跟採礦及農業比較起來，伐木所造成的傷害可算微不足道。他們特別喜歡展示貧窮、（棕膚色）民族在雨林中採行燒墾農作方式的相片，但這套說辭就像他們其他大多數論點，並未觸及問題所在。以全球而言，相較於燒墾及其他原因，伐木可能是三分之二以上森林破壞的罪魁禍首；在大洋洲，這數目「只有」42％，亞洲 50％，中美洲 54％，南美洲 69％，非洲 79％，歐洲 80％，北美洲 84％，俄羅斯 86％。

喪失棲地的「活死者」

　　晚近的研究也顯示，森林遭受破壞後，物種滅絕的情況可能會持續一百年之久。倫敦動物學會的考利修（Guy Cowlishaw）提出警告說：「當我們看到許多物種喪失了棲地而短期內卻未滅絕時，可別因此誤以為天下無事；就長期來看，事實上許多物種勢將無法存活，我們可以視這些為『活死者』。」舉例來說，將非洲不同種靈長目的個

體數、其棲地大小與所棲森林受到破壞程度進行相關性分析之後，考利修歸結指出，森林破壞將導致非洲靈長目的大量滅絕；即使沒再進一步砍伐森林，貝南、蒲隆地、喀麥隆、象牙海岸、肯亞和奈及利亞六個國家在未來三、四十年之間將喪失三分之一以上的靈長目物種。再一次強調，這是假定沒有進一步森林破壞的結果。但科學家估計，在同一時期內，70％尚存的西非森林以及95％尚存的東非森林將遭到砍伐。

受到牽連的不僅是靈長目，鳥類研究也顯示相同情況。阿肯色大學生物學家布魯克斯（Thomas Brooks）曾在肯亞卡卡麥加森林（Kakamega Forest）做過鳥類滅絕的研究。他說，「森林碎裂之後，縱使過了一百年，其中的鳥類仍有滅絕之虞……好消息是我們尚有小小的轉圜餘地。即便在熱帶森林碎裂之後，仍有短暫時間讓我們採取保育措施，以防其中的鳥類滅絕。不過，事情的另一面是壞消息：我們千萬不能心存僥倖。」

停止以「功利主義」看待森林

健康的森林不僅是棲居於其中之生物禍福所繫，森林還可淨化水和空氣。透過儲存碳的功能，森林減輕全球暖化的程度。由於雨林中的雨水有一半來自本身蒸散的水分，因此森林可增加當地的降雨量；森林也可防止洪汜和沖蝕。

當人們提出停止砍伐森林的呼籲時，常常會談起這些

森林消失對我們所造成的傷害。譬如有人會說，如果我們善用雨林這個藥箱裡的藥物，而不是去摧毀它，那麼雨林將是我們的大藥箱。就在今天晚上，我在一個抨擊熱帶森林破壞的網站上讀到這些話：「雨林是地球的自然實驗室，當前的藥劑有四分之一來自雨林。以長春花這種看似無價值的植物來說，從它所萃取的藥劑卻完全改變了小兒白血病的治療。根據國家癌症研究所資料，用來抗癌的植物中，70％只能在雨林找到。但是，就其療效做過完整檢測的熱帶森林物種還不到1％。」

的確，為了人類自身的利益，就有不少理由應當停止砍伐森林，但我們不想強調這些，因為我們認為，終究來說，即便以短期而言，那並沒什麼多大好處。若以這些理由為出發點，則不能排除過度自戀及殘酷的功利觀點，而此正是我們的世界觀以及企圖征服世界的動機。

數年前，在一場倡議兒童健康措施的研討會中，我是寥寥幾個環保運動代表之一。當時我想，這件事本身就夠奇怪了，如果不強調工業文明逐將使兒童面對一個無法居住的地球，那還討論什麼兒童健康？

當時在場一位主事者，他是疾病管制中心高層聯邦官員，表達了停止破壞熱帶森林的必要——我常覺得，在美國，希望終止熱帶森林破壞的人比希望終止自己國內森林破壞的人還多——就此他說：「我們需要挽救那些植物，因為它們是我們未來的藥品。」

「問題就出在這裡，」我回應說：「問題在於把森林

看作屬於我們。它們不是我們的藥品，它們不是我們的森林。首先，植物屬於它們自己，它們又屬於森林；第二，如果它們屬於任何人的話，它們也是屬於住在那塊土地上的原住民。我們沒有權利從森林採取藥材，就像我們沒有權利從森林砍伐木材一樣。」

幾個人瞪著我看，彷彿突然之間我說的不是英語，而是像鴨子般嘎嘎叫。一旦你拋掉人類可以無止境榨取自然的立場，拋開無止境的自私自利，轉而指出，無論對我們的用處多大多小，森林以及包括原住民的所有棲居於其中的生命有權利不受干擾地生存，你得到的反應往往如此。就許多方面而言，那天在研討會議廳發生的情況，就是時時刻刻在森林中發生的情況：無法相容之世界觀及價值體系的撞擊。

覆巢之下，原住民安在？

當森林一步步消失於斧頭，繼而消失於當今的鏈鋸之下時，無論哪個階段，都有人類居住在這些森林之中——那些不把森林當作資源，而作為永遠居家的人。這些包括在肥腴月彎附近被征服的原住民，他們的神聖樹林被吉爾伽美什之流砍掉；在許諾之地被征服的迦南人及許多其他民族，其神聖樹林遭以色列人所伐，為的是不讓以色列人在樹蔭下進行禮拜儀式；北希臘的原住民，他們的森林為了商業目的被砍掉，且因為他們說的不是文明語言，而是發出 barbarbar 的聲音，因此被稱為野蠻人 "barbarians"。

這些民族被征服了，他們的森林同遭砍伐。因為住在森林，義大利、法蘭西、英格蘭的原住民也被稱為野蠻人 "savages"（savage 一字源自 forest〔森林〕的字根 savage：「無教化，未馴服，缺乏文明人一般所具有的克制」；更早源自中世紀拉丁文 salvaticus；後者為拉丁文 silvaticus 之變形，該字意指「樹林的」、「野性的」；再更早源自 silva，意指「樹林」、「森林」）。這些民族，以及他們土地上的森林同遭屠戮。

讓我們渡洋來看看美國。當初開拓者常有一個自欺欺人的想法，即認為他們所到之處不是「未探之地」，而是「無主之地」，是一塊沒有棲居者，其樹木高大得可供砍伐的土地。但這些土地並非沒有棲居者，到了今天也是如此。這些土地上有棲居者，棲居著非人類生物，生命對於這些非人類生物，就如同你我的生命對我們一般；另外，還有人類棲居者，他們的生命也同樣珍貴。

何謂「荒野」乃是社會性的界定。我的姪女最近遷居到路易西安那，她寄給我一封短信，信中提到她的海巡署營區裡住著一隻鱷魚很讓她不安。「算我腦筋不對勁好啦，」她寫道：「可是我覺得，野生動物這麼接近人類還是怪怪的。」這倒不盡然是件奇怪的事：自人類存在以來，幾乎所有時候，情況本就如此。而對某些人來說，情況還是如此。對他們而言，可分不出哪裡是城市，哪裡是荒野，分不出哪邊是榨取的人類，哪邊是被榨取的資源。

我們從未真正瞭解

　　這一切所告訴我們的意涵是，當我們談到挽救森林時，常常忘了那些以森林為家的人。不，我們可不是指那些多著資金、少了良知，買下一些生態堪虞的土地，並威脅要在其上蓋度假別墅的人；他們真正目的是要向有心保護這些土地的人勒索金錢。我們所指的也不是那些企圖「進場」到全世界天然林的跨國木材公司；我們也不是指伐木工人，其中倒有不少人真的喜歡在他們摧毀中的森林走動；也不是指那些住在氈包裡，將他們的糞便堆成肥料的環保人士；我們所指的甚至不是那些喜歡觀賞鮭魚，願意盡所能終止森林破壞的作家與研究者。

　　我們所指的是原住民，他們居住在祖先生於斯死於斯的土地上，這情況代代延續，時間何其綿長，乃至於居住者和土地本身融為一體。我們所指的是那些我們從無機會認識的人，那些從未如我們一廂情願設想是「像禽獸般」、「野蠻」、「原始」、有點算不上是人、度過「鄙陋、殘酷、短促」生命的人。這是一廂情願的看法，因為它增強了如下妄念：如果我們將這些人導向文明，必要時得用武力，把他們帶離童騃愚昧的生活方式，那麼他們會過得更好。正如雷根（Ronald Reagan）所說：「或許我們想要維護印第安人文化是一項錯誤，或許我們不該跟著他們這樣做那樣做，他們自己要維持那種原始的生活方式，我們也不需多參一腳嘛。或許我們該說的是，沒那話兒，還是

你們來加入我們吧，跟我們這些人一起做國民。」雷根卻很取巧地提都沒提下面的事實：印第安人的土地被竊取了，這些土地終被掠奪。

原住民的智慧，文明人的野蠻

原住民也並非過著到處遊蕩，偶而摘食漿果的浪漫式生活。他們與共享土地的動植物之間具有重大而長期的關係。對荒野此一概念撰述甚多的拉菲爾（Ray Rafael）說過：「美國原住民在許多層次上跟他們的環境互動。幸好，他們採取了一種可以永續的方式；他們狩獵、採集、捕魚，使用的都是可以永續幾百年，甚至幾千年的方式。他們對環境所做的改變沒有大到使得環境無法永遠支撐他們。他們不從事農耕，但他們會經營環境，這可不同於當今人們所用的方式，因為他們跟環境相繫相連。」

竊取原住民土地並非古老的往事，不是只在久遠以前發生過，不是讓我們在繼續從他們的土地牟利時，用來表達遺憾的事情。今天，這種事在全球仍然到處發生。無論何處，只要是世世代代居住在森林的原住民，他們一定會被威脅、被騷擾、被逮捕、被侵奪、被殺害，而他們的森林則被砍伐。以下只不過是許許多多當前事例之中的少數幾個。

在非洲，巴揚加（Bayanga）木材公司砍伐了中非共和國巴咖卡族（Ba'ka，小黑人）世居地的森林，巴咖卡族被迫遷入瀕臨死亡之森林邊緣的營區。胡杰（Rougier，

法國）、丹澤爾（Danzer，德國）、費得梅爾（Feldmeyer，德國）、沃內曼（Wonnemann，德國）這幾家跨國木材公司以及荷蘭、丹麥、德國合資的聯合企業波普拉克（Boplac）砍伐了剛果共和國的森林。泛非洲（Pan African）造紙廠、瑞普利（Raiply）木材公司以及提姆塞爾斯（Timsales）公司正在進入並且摧毀肯亞歐吉克族（Ogiek）的森林，歐吉克族被逐出他們世世代代居住、狩獵和採蜜的地方。1967 年，世界銀行訂下決策，認為巴特瓦族（Batwa，小黑人）居住的吉西瓦提（Gishwati）森林必須砍伐，將土地用來種馬鈴薯及牧牛。當然，巴特瓦族並未受到徵詢。

正如一位六十一歲的巴特瓦人所說：「他們把我們從我們的森林裡趕出來，森林是我們的父親，因為它讓我們藉著採集和狩獵而得到食物……國家把我們從森林趕出來，我們只能住在森林邊緣，在那邊餓死。在吉西瓦提森林執行的所有開發方案都沒為我們帶來好處，沒一個巴特瓦人有工作機會。」

滅族行動持續進行。一項 2002 年的新聞報導，（其消息來源當然不是公司，而是國際生存權利協會〔Survival International〕這個人權組織）指出，波札那政府「不允許仍生活在中央喀拉哈利動物保護區的加納（Gana）及格威（Gwi）布須曼族人使用他們跟外界通訊的唯一器材，並且驅逐了替他們帶來基本食物和飲水的其他族人。政府官員沒收了〔國際生存權利協會〕提供給布須曼族社區的

太陽能無線電收發器；而這個受困社區在上禮拜被政府切斷飲食來源，官員也對那兩位帶來食物飲水的布須曼族人說，不得進入他們自己的祖居地。後來，那兩個布族人才被允許將之送進，但同時被告知，以後他們必須得到特殊許可或付費才能進入保護區。加納及格威布須曼族人的世居地包含了設立於 1960 年代的中央喀拉哈利動物保護區，而當時設立的用意就是要讓他們以保護區作為家園。但是，自從 1980 年代中期以來，波札那政府就不斷對他們進行騷擾，試圖將布須曼族人趕出依照國際法屬於他們的土地。過去數週在騷擾下，仍居住保護區的七百名布須曼族人中已有許多被迫離開，上個禮拜政府切斷了那些持續抗拒者的飲食供應。」

是「開發」還是榨取？

讓我們回到「已開發」世界。在北美洲，加拿大的英屬哥倫比亞省把大面積的林木採伐權授予大型木材公司麥克米蘭・布羅岱爾（Macmillan-Bloedel），而該公司幾乎將整個溫哥華島的森林皆伐掉，賺進了數十億。1999 年，這家被通稱為麥克・布羅的公司被總部設在美國的跨國木材公司威爾浩澤（Weyerhaeuser）併購，後者已經在威斯康辛州、明尼蘇達州、華盛頓州、奧勒岡州、菲律賓、印尼皆伐了許多森林，像先前的麥克・布羅一樣，如今威爾浩澤也是發狂似地皆伐，其部分原因是加拿大的原住民族從未拋棄對那些被皆伐森林的所有權，而且正在控告加拿

大政府，主張他們對這塊土地的主權，包括不允許砍伐森林的權利。針對威爾浩澤在他們位於夏洛特皇后群島（Queen Charlotte Islands）的土地上違法皆伐森林一事，海達族（Haida）提出了訴訟。英屬哥倫比亞省的海達族酋長顧鳩（Guujaaw）談到威爾浩澤時這樣說：「他們來到這裡，把資源一樣一樣毀滅。……一年又一年，我們看著運木材的駁船開走，也未見海達族得到什麼好處。」

在南美洲，住在阿根廷森林裡的瓜蘭尼族（Guarani）不相信土地可以屬於任何人；人只在土地上度過一生，豈能是土地的擁有者？南美莫康納（Mocona S.A.）林業公司，而這不是一個人，是一個公司，一個法律上的虛擬，卻正在砍伐森林，公司提供 74 英畝土地給每個社群居住使用。瓜蘭尼族不認為土地可能有任何擁有者，而竟然有人要給他們 74 英畝屬於公有的土地，這更令他們覺得荒唐——這是他們祖先居住過，他們自己也已經居住著的土地；依照他們的世界觀，這是他們向子女借用的土地。公司則把提供的土地面積提高到 500 英畝左右，同時繼續砍伐森林。

威奇族（Wichi）在位於現今阿根廷境內的同一塊土地上，至少居住了 1 萬 2 千年；現在，由於木材及農業公司的掠奪，他們的居地已經從多於 17 萬英畝縮減到少於 67 英畝，這剩下的 67 英畝土地成為如今荒瘠地景中的一塊綠洲。

智利馬布切族（Mabuche）原有的 2,700 萬英畝土地

已經喪失了 95％以上，而今伐木公司還要來奪取剩下的部分，抗議採伐的小孩被警察謀殺。

是「文明」還是霸權？

在亞洲，緬甸克倫族（Karen）受到加拿大艾凡荷（Ivanhoe）融資公司的侵害，該公司於 1994 年與緬甸軍事政權達成協議，開始開採蒙育瓦（Monywa）銅礦。礦場的安全措施付之闕如，礦工威脅要炸死那些為了水污染及皮膚病而提出抗議的當地居民。克倫族也受到美國加州聯合石油公司（Unocal）的侵害，該公司與軍方聯手強制勞工鋪設亞大納（Yadana）輸油管。集體謀殺和集體強姦是用來奴役一個民族，迫使他們摧毀自己家土的有效手段。克倫族更受到泰國水壩建築商 GMS 電力公司以及泰國發電管理局的侵害，該公司和該機關正在當地僅存仍自由流動的大河薩爾溫江上建築一座巨大水壩，175 個村莊必須搬遷。或許，遷村都不必了；緬甸軍方已經開始採取滅族的行動。

印尼托京島民（Togeans）家園被跨國木材公司摧毀了，他們憤而燒毀公司的伐木機具。

在菲律賓，伐木公司與軍方奪取了阿塔族（Agta）的森林，使得他們無家可歸，而且繼續受到迫害。阿塔族的一位發言人最近指出：「某個上校警告我們說，如果我們不離開我們的土地，我們的部落會被趕盡殺絕。」

馬來西亞阪南族（Penan）為了他們的生活以及其森

林的存續，已經奮戰了好幾年。以前，生活可不是一向這麼艱難，正如帕塔河（Patah）龍里林部落（Long Lilim）的酋長恩哥連（Ngot Laing）所說：「過去我們的生活很平靜，很容易得到食物，甚至空手就抓得到魚——只需要瞧瞧石頭、岩石下方動靜，或是找找河裡藏著魚的洞。」烏林阿將（Urin Ajang）也同意說：「過去我們不會生病，我們沒有疥瘡，水很乾淨，以前從沒有這些生滿蚊子的水坑。」但是現在，恩哥說：「大家常常生病，他們餓肚子，他們哪一種胃痛都有，也犯頭痛；小孩子餓了就哭，有些人包括小孩也罹患由污染河水引起的皮膚病。帕塔河上游以前非常乾淨，現在河水顏色就像美祿（Milo）一樣，有時候還可以看到漏油往下游漂流。」

另一位阪南族人雷普塞萊（Lep Selai）說：「在一個地點定居下來並不是我們的生活方式，我們習慣了森林。而且，我也不知道怎麼耕作。」這並不表示阪南族愚蠢得不會從事農耕，正如彭梅古（Peng Megut）所說，真正的重點在於：「我們知道，如果我們同意定居下來，那等於是拿我們的森林來做交換。政府要求我們定居下來，彷彿一旦我們定居下來，他們就可以隨意對待我們的森林。」阿炎傑拉溫（Ayan Jelawing）總結說：「我們是最早來到阿波（Apoh）這塊地區的民族。這裡的河流當時沒有名稱，直到我們用我們的語言給它取了名。……伐木公司最早在1980年代進入阿波地區，當阪南族社群去見公司經理時，他們只會說阪南族沒有這塊地區的任何所有權。怎

麼可能這樣？」

　　阿將邱（Ajang Kiew）指出：「我們要求設定森林保留區，要求在村裡設立學校，以及設立診所，他們卻只給我們伐木公司，現在，又來了油棕櫚種植園。我們將會變成雇工，這裡的獲利只會落入別人口袋。但是，他們使用的土地卻是阪南族的土地。」最後，尼阿拱馬林（Nyagung Malin）提出解決之道：「我們習慣在森林裡過日子，過去日子也不難過。如果我們需要蓋小屋，我們可以輕易在森林裡找到葉子。如果你們真想為我們帶來發展，那就不要侵擾我們的森林。」

　　以森林為家的人並不愚蠢，他們並不落後，也不固執；他們尊崇生命之源。

註1：工業性林業，為了生產木產品而發展的林業模式。

認識森林棲居者

　　森林的健康是靠森林內許多其他生命共同維持的。舉兩個明顯的例子，台灣的闊葉樹的授粉與種子的傳播工作，大多數是由動物執行完成的，否則森林無法更新、繁茂與代代相傳。還有，每年墜落的枯枝落葉或橫倒地面的樹幹，需要各種動物與微生物進行分解，樹及其他植物才能再利用自己製造出來的營養，維繫正常的森林生命。以台灣中低海拔的亞熱帶闊葉林為例子，每年每公頃以六公噸的枯枝落葉量累積在林地，倘若其分解作用出了問題，不出多久累積的枯枝落葉便可能埋藏了整座森林。

　　台灣樟樹的訪花昆蟲便超過百來種。樟果靠鳥類傳播他處，因此樟樹偏布全台灣。森林一旦遭受難以恢復的破壞，那些與森林生活在一起的生命便無處可棲。嚴重的森林破壞（如大面積的砍光、燒盡）會中斷食物鏈與撕裂食物網，結果會絕滅許多生命，森林的健康便難以維持。森林不只是靠樹木的光合作用便夠存活，它還靠其內相依為命的各種生命（包括土壤生物）相互效力及共同合作。

別忘了，傳統上森林的先居民是依靠森林裡的產品（如木材、樹皮、蕈、野生動物、藥草）與森林的服務（清潔的空氣，乾淨的水，肥沃的土壤，天籟之聲）繁衍到今日，他們發展出獨特的社會組織與習俗文化。森林摧毀了，先居民的傳統森林智慧失傳了，森林文化淪喪了，我們怎能坐視這種現象持續演變下去。

第三章

政府應積極承擔保育責任

政府把森林發包給林業公司，
但不能連監督責任也隨之讓渡。
政府必須承擔責任，
讓森林管理兼顧生態保育和環境保護。

我們警察被當成了那些想操控一切的大企業的工具。我甘願
為他們跑腿，這令我覺得慚愧。城裡的大人物可以為所欲為，不
必承擔任何後果，但工人卻為了獨立思考都得入獄。

警察隊長普拉墨（Plummer）

是誰遭受懲罰？

軍方、警方，以及更廣泛的政府——任何政府——都
常鼓吹森林砍伐，他們花在設法竊取原住民土地的時間精
力，往往遠多於保護原住民土地。吉爾伽美什統治美索不
達米亞城邦烏魯克（Uruk）的時代，以色列人的時代，希
臘人和羅馬人的時代，情況都是如此；在整個美國歷史上
是如此，即便在今天也不曾改變。軍方、警方及政府支持
的方式常常也很直接，譬如，在巴布亞新幾內亞，軍隊以
機關槍掃射抗拒自由港邁克墨倫公司（Freeport
McMoRan）在那裡開採銅礦和金礦的人民；又像當蘇利
南的沙拉馬克族（Saramake）抗拒中國木材公司在他們土
地上砍伐森林時，當局威脅要將他們下獄；在印尼，反對
埃克森美孚公司（Exxon Mobil）石油鑽採的人受到軍隊
鎮壓；而在美國，警察常用胡椒粉噴霧以及「劇痛擒拿術」
對付企圖阻止森林砍伐的人。

有時是當局刻意忽視，以及一再拒絕要求砍伐森林者
承擔任何罪過，就這樣，砍伐森林得到了支持。林務執法
人員、政客、官僚、警察、法官、商人連結成一個利益勾

結的網絡，這些網絡致力於追求本身的利益，而不在於執行社區的林務政策及法令。

　　舉一個我們想告訴你的故事，其中牽連起政府和美國最後幾座北美紅杉林正遭受之摧毀的關係。這故事涉及一家叫作太平洋木材（Pacific Lumber）的公司，不過是二十年前，太平洋木材還是以善待工人著稱的家族企業，其經營方式的永續性也被認為達到了工業林業公司所能做到的地步——那倒不是多麼高標準的可永續性，不過，當你涉入環保事務時，你學到的頭幾件事之一就是別苛求，看得到什麼可喜，或是什麼較不可悲的現象，就該慶幸。

　　而那時，企業主決定將公司上市。不多久公司就被一位名叫赫維茲（Charles Hurwitz）的企業掠奪者收購。赫維茲有件事出了名，他喜歡宣示並履行其個人版本的金科玉律：擁有金玉者，說話即法律！赫維茲違法及反社會行徑前科累累，可回溯到他二十歲出頭時，當時他為了非法股市交易的案子不得不向證券交易委員會提出不抗辯的申訴。後來，他承認向紐約的健峰保險公司（Summit Insurance）詐欺了 40 萬元。接著他掠奪 Simplicity Pattern 公司的退休基金，使得退休人受益從每年 1 萬元縮減為 6,000 元。後者改名為 MAXXAM 公司之後，成為赫維茲用來掠奪許多其他公司的控股公司，藉此詐騙退休人、股東、民眾的金錢，擊潰工會，而終致毀去北加州的地景，後文再分曉。1980 年代爆發中小型儲貸機構舞弊醜聞期

間，赫維茲和 MAXXAM 竊奪了德州聯合儲蓄合作社的資金，必須花費 16 億元納稅人的錢來填補漏洞。儘管（或者由於）美國法務部對此案進行了不算積極的起訴，直到今天，這筆款項中還有多於 10 億元未能交代清楚。

掠奪者故事才剛開始

　　赫維茲用一部份不當利得去收購北加州的太平洋木材公司。他最先做的事之一是掠奪工人退休基金，侵吞了屬於退休伐木工人及木材廠工人的 5,500 萬元。接著，他開始將公司資產變現，其中包括全世界最大的幾塊私有（其實是公司取得權利的）老生紅杉林。同一時候，長期和他共犯的 MAXXAM 第二號人物慕尼茲（Barry Munitz）辭去公司職位，轉任加州州立大學系統總校長。他們找上聽話的州參議員金恩（Barry Keene）做馬前卒，促成議會通過一項決議，據之設立環境爭議處理中心（Center for the Resolution of Environmental Disputes），而該中心的主管將是──你猜到了，就是加州州立大學系統總校長。此外，太平洋木材公司還捐獻了 6 萬 1 千元給加州州長戴維斯（Gray Davis）。正當加州政府考慮針對 MAXXAM 破壞水質行徑依管制法規採取行動時，戴維斯為他的一位政壇密友向該公司募得了 1 萬 5 千元。用平常話來說，這套手法叫做敲詐，這樣說你大概就不感到陌生了。在加州，人們常說，戴維斯是個正直的政治人物；這話的意思是說，一旦收買了他，他永遠是你的人。以此例而言，情

況確是如此。關於太平洋木材公司破壞水質一事，由戴維斯州長派任成員的北海岸地區水質管制委員會再三擱置，至今沒有做出決議。

太平洋木材公司經常違反州及聯邦法令，即使它對管制機關可加以左右，還是有數百次被舉發違反《林業經營規範》、《瀕危物種法》、《清潔水法》等等。它進行皆伐所導致的土石流摧毀了（人類）居家，摧毀了（人類）社群的水源。幾年前，一個伐木工人威脅要殺掉抗議者，在被拍下的錄影中他大叫：「噢噢，他媽的！我要是帶著我那把他媽的手槍就好了！我看還是把那他媽的傢伙帶來這兒，我不是他媽的那麼好惹！」後來，他果真讓一棵樹倒下來壓在一名抗議者身上，但這個伐木工人從未被逮捕。事實上，洪保特（Humboldt）郡的警官反而對環保人士施暴，並逮捕他們。而當地的區域檢察官發表看法，認為環保人士才應該被控以過失殺人之罪。

同時，森林砍伐繼續著。

一片歡呼聲中，但卻是在當地環保人士反對下，另一位聽赫維茲使喚的范士丹（Dianne Feinstein），這回可是聯邦參議員了，她運用影響力促成一項協議，以 3 億 8 千萬元向赫維茲交換 7,500 英畝紅杉林。倘若還有什麼比這筆金錢更為赫維茲所重視，那便是在這項協議中，聯邦政府同意讓他於往後十年內砍伐另外 4 萬 6 千英畝森林，包括 2,000 英畝老生林。往後五十年到一百年之間，赫維茲也可以砍伐太平洋木材公司名下 20 萬英畝森林中剩下的

大部分，包括 8,500 英畝老生林。另外，這項協議在許多地方排除了瀕危物種法的適用性，等於是允許太平洋木材公司在五十年之間毀滅瀕危物種。

「生態恐怖份子」抹黑手法

當地環保人士針對該項協議提出告訴。三年來，太平洋木材公司和保護它的政府機關一直拒絕向法庭呈交相關紀錄，顯然是不願公開這些資料，以便隱藏該項協議內情以及太平洋木材公司砍伐森林的後果。最後，法官判決在提出相關文件紀錄以前，太平洋木材公司必須暫緩該項協議所含括的伐木行為。

不出所料，太平洋木材公司的反應是不理會法官裁定，繼續且加速伐木。更進一步，太平洋木材公司總經理兼執行長緬恩（Robert Manne）把反對這些伐木行徑的人稱為「生態恐怖份子」，並說他們的行動屬於「法務部一定很想調查的行為。」他進而強調：「我們是遵守法制的社會，令人擔心的是，顯然這些行動人士怎麼樣都不願遵守法律規範。我們不能允許這種違法的侵犯行為繼續下去。」有時候我會想知道，像這樣非常諷刺的說法有幾分是出於刻意，幾分又是出於無意識。若屬前者，那麼他是罪大惡極；若屬後者，則他是愚蠢不堪，我們認為兩者都有吧。

實際情況是，當太平洋木材公司的伐木工人公然違反法官裁定以及許多聯邦及加州法規而砍伐林木時，身旁有

各郡警察隨行，目的不是為了防止他們繼續違法伐木，而是為了讓他們那樣做。另一方面，自從法官裁定暫停伐木以來，已有十六位環保人士被捕，其中許多人被捕時身上帶著法官裁定令的影本。當郡警在一處伐木地點將一位坐在樹上的十八歲女性抗議者強行帶走時，先用劇痛擒拿術對付她，然後對她說：「我們是好公民，我們把垃圾從森林裡清除。」她為了抗議太平洋木材公司違法伐木而被捕的保釋金是 20 萬元。

同時，森林砍伐繼續著。

森林倒下背後的利益黑幕

我們不想讓你認為太平洋木材公司是個特例，實情遠非如此。政商勾結，林務法規執行上的鬆弛，《瀕危物種法》及其他環保條例適用性的權免，這些都是林業界的普遍現象。譬如說，儘管赫維茲備受指責，但根據一位研究者貝明頓（Doug Bevington）的說法，山岳太平洋工業（Sierra Pacific Industries）「悄悄掠奪著州內的森林，其程度讓赫維茲有如小巫見大巫。」山岳太平洋工業在加州擁有 150 萬英畝土地，因此是該州最大的私人（應該說是公司）地主，也是北美第二大地主。

山岳太平洋工業從聯邦補貼得到很多好處：首先，所有從加州國家森林砍伐的林木之中，有 39％是這家公司所砍伐；然後，在過去十年之間，它藉著所得盈利將公司名下的土地增加了一倍。

從 1992 到 1999 年，山岳太平洋工業的皆伐規模擴增了 240 倍以上，其皆伐地的平均面積從 46 英畝增加到 361 英畝。公司還計畫皆伐 100 萬英畝（1,562 平方哩），面積比羅得島州還大。

儘管加州林務廳基本上是聽從木材業經營者使喚的機關單位，山岳太平洋工業仍然一再忽略林務廳的規定。從 1991 到 1999 年間，山岳太平洋工業要求州政府將 440 萬英畝劃除在林務廳有效監管之外，而在此外的 711,445 英畝土地上，山岳太平洋工業也只是假裝著遵守規定。

1998 到 1999 兩年，為了收買加州監管單位，山岳太平洋工業花用了 23 萬 1,500 元政治獻金。這筆錢是用於換取從州長到郡警長各級官員的支持，而這層關係可用來解釋誰會被捕，誰不會被捕。雖然山岳太平洋工業在 1998 年改變目標，轉而收買戴維斯州長的對手，自那時候以來，他們倒未曾選定任何一邊，而是兩個主要政黨的政治人物都收買過。別的不說，這至少顯示，在公司的盤算裡，兩政黨是等量齊觀的。

2002 年，公司捐給戴維斯 42,716 元，晚近又辦了一場以木材工業界為對象的募款活動，為他募得 12 萬 9 千元，這或許是對戴維斯於 1999 年指派山岳太平洋工業的波塞提（Mark Bosetti）擔任加州林業委員會委員一事所做的延後回報。戴維斯的一名發言人聲稱，這些捐款跟戴維斯的作為「絕無關連」。

假學術之名掩護非法

山岳太平洋工業購得林木的價格是以稅收補貼的價格，但它不以此為足，還經常竊取聯邦及州有土地上的公有林木。如聯邦人員在 1993 年的一份簡報中所述：「此等公司有短報材積之嫌〔以免支付他們從公有土地上取得之木材的全數價額〕。

此外，數名林務署官員可能曾與該等公司代表會談林務署出售林木相關行政事宜，主事者亦有未依政府最佳利益考量決策之嫌。這樣的決策恐已導致美國財政部損失不明數目之稅收。」這案子不知為何遭到擱置，沒有繼續調查下去。據悉山岳太平洋工業在砍伐公司土地的林木時，會越界到公有土地，也在其上砍伐林木。或者，有時候公司會把運材卡車偷偷開出林區，沒有通關登帳。若是個人做出這種事，那叫做偷竊。

山岳太平洋工業甚至不以這一切為足，幾年前它還搞了一個叫做昆西圖書館團體（Quincy Library Group）的玩意兒。據稱，成立這團體的目的，在於處理因伐木而導致以地區性林業為基礎的經濟體系崩潰問題。光看這團體的名稱，還讓人以為，其成員是幾個在公共圖書館裡苦苦研究，想要挽救當地森林的人士。

但這名稱又是另一個化妝林緣帶；其實，儘管自稱為「社區團體」，其三十名成員中，有二十人跟木材工業有關，他們大多是山岳太平洋工業的雇員。不出所料，這團

體是想以維護森林做幌子，將三個國家森林某些區域的伐量提高一倍，並在當地一連串的狹長地帶進行皆伐。也不出所料，山岳太平洋工業有辦法促使國會通過附加條款，讓上述方案成為國家法令。據估計，由於這方案而減少的政府收入將使納稅人損失至少 7,000 萬元，山岳太平洋工業則是這慷慨之舉主要受惠者。

同時，森林砍伐繼續著。

讓全民埋單的山老鼠

你不要以為山岳太平洋工業只是特例，情況遠非如此，以上所述在林業界算普通的。舉例來說，數年前威爾浩澤公司就被逮到在聯邦土地上盜伐林木，且盜伐的數量還真不少。

早先於 1991 年，國會立法設立了林務署林木盜伐調查組，以便讓人誤以為它針對每年高達一億元聯邦林木遭木材公司盜伐的情況做出了對策。這一億元伐量佔了全部被砍伐之聯邦林木 10％，而且這數目不是來自環保人士，而是出於一位卸任林務署署長；也就是說，來自一位完全受到木材公司掌控的人。

如記者羅曼諾（Mike Romano）所指出：「成立這個專勤小組，除了讓林務署免於遭受指責之外，沒人認為它會發揮多大作用。可是它卻成功查辦了一連串令人刮目相看的案子，包括於 1993 年對哥倫比亞河域材積檢尺管理局（Columbia River Scaling Bureau）提出了破紀錄的 320

萬元求償案。

同年晚後，由梅里恩（Mike Marion）領導的十人小組又展開林務署前所未見的行動：他們在同一時間調查林務署駐地管理員所指稱的高達百萬元的林木盜伐、假造帳冊、妨礙司法三件案子。」威爾浩澤是受調查的公司之一，梅里恩及其手下發現，威爾浩澤盜伐了高達 600 萬板呎的林木。他們也認為，威爾浩澤可能涉嫌將它在聯邦土地採伐的林木違法輸出。小組的一份報告聲稱：「總結而言，政府將其林木免費奉送。」這回調查的盜伐案件使納稅人損失了 300 萬元以上。

黑手箝制的調查行動

威爾浩澤受到調查並可能起訴的消息曝光之後，林務署雇員馬上給予該公司溯往允許，准其在契約範圍之外採伐林木。如一名雇員後來在一份宣誓口供所述：「我們認為有必要保護威爾浩澤，使之不違反契約。」此外，林務署雇員還向威爾浩澤洩露專勤小組的秘密調查行動，並且在調查人員預定查扣相關的威爾浩澤檔案兩天前將之銷毀。為什麼這樣做？一位林務署主管解釋說，他洩露了秘密調查的消息，「因為他必須保持他跟威爾浩澤良好的工作關係。」

儘管林務署內許多人想盡辦法阻礙調查行動，一份針對林務署業務所做的獨立調查報告總結說，「定罪的可能性甚高，民事求償亦是。」

事態至此，必須拿出辦法了，但如何保護威爾浩澤？一如往常，答案很簡單；這一回，林務署署長湯馬斯（Jack Ward Thomas）突然裁撤林木盜伐調查組，裁撤命令不無可能是由白宮直接下達。克林頓不想惹威爾浩澤麻煩，這家公司是《財星雜誌》500大企業之一，其資產在當時多於80億，到了2002年，則達180億。它也是克林頓自擔任阿肯色州州長以來的企業界支持者。

　　無論是誰下令停止調查，其過程就齷齪不堪。負責偵察西北部盜伐林木案件的聯邦副檢察長肯特（Jeff Kent）行文給監督林務署的總監察長辦公室（Office of Inspector General）指出：「縱令我擔任過芝加哥的特別起訴總檢察長，負責偵辦貪瀆及組織犯罪案件，但在二十年的檢察官生涯中，我從未見過管理階層朋比為奸至此，企圖阻礙〔像專勤小組所做的這種〕由國會授權執行的任務，我也從未見過為此不擇手段的行徑。」

　　同時，森林砍伐繼續著。

　　我要告訴讀者另一個關於罪責承擔的故事。我在北加州一間監獄裡教授寫作課程，昨天晚上，碰巧向一個學生問起他入獄的原因。他尷尬地笑了幾聲，然後說：「我嗑安非他命，結果在人家店裡偷了一捲錄影帶。」

　　「被判了多久？」

　　「兩年。」

　　「真是的，」我說：「是什麼電影的錄影帶？」

他又笑了，然後說：「《獅子王》，為了《獅子王》我被判了兩年。」

　　我另一個學生因為從人家車庫偷了一輛腳踏車，被判了無期徒刑。還有一個，也是因為偷錄影帶，被判了無期徒刑。我不知道那捲錄影帶是什麼電影，但被判得那麼重，他一定是偷了比《獅子王》好上許多的影片。

森林管理的關鍵

　　如果我們充分知道一座完整的森林存在的重要性與價值，以及遭到破壞的嚴重後果，那麼誰應該負起維護森林與可永續使用森林的責任？

　　我們有一個最根本的問題要解決，那就是確認森林使用權。我們不知何時認定人類是唯一的森林權擁有者。其實，在人類未出現在地球之前的絕大部分時間，森林全是其他生命的地盤。如今，人類既然享有許多森林中難以計價的功能（如氧的製造，水的淨化，景致、水土的保持），卻不好好地維護森林的健康，這是令人不可思議的矛盾。本書明確地指出，政府及其他林地主管的經營不當及私有地林主的短視經營法，快速地摧毀了森林。

　　其實，社會是整體的，健全的社會制度始能創造健全的土地管理方式，而制度維護與法律的執行力是關鍵因子。無論從研究、教育、立法、執法、民間監督，都須從健全的社會與有效的執行著手。

本書所舉的例子，雖然以北美洲廣袤大地與傳承歐洲移民文化為背景，但是在某些程度上也都存在於台灣過去伐木售材的時代。只因於 1991 年政府宣布禁伐天然林後，加上目前人工林的木材無市場交易的情況下，台灣所需的木材及其他相關木質物品，幾乎都依賴進口。這給台灣森林有個喘口氣的機會，因而也是開始保護森林與改善管理的最佳時機。危機與轉機其實是一個急轉彎，我們的森林（甚至是全部的自然資源）管理，正處於這個關鍵急轉處，而行動決定了森林的未來，也是人類的未來。

第四章

殺害森林

大規模砍伐森林，傷害的不只是樹林，
同時造成生態系崩壞，
水土流失，地力竭盡，
環境汙染等一連串難以回復的後遺症。

這個國家的森林迅速被砍除，其速度值得每個有識之士擔憂。……這是攸關國家福祉的問題，我們必須立即認真面對。

美國內政部長卡爾·休茲（Carl Schurz），1877

毀滅之道

工業性林業摧毀森林的方式並不只限於砍樹一途，事實上，林業運作的其他一些部分可能更具殺傷力，譬如修築道路往往比後續的皆伐造成更大破壞。在受到干擾的森林裡，集運材道是土壤沖蝕和山崩的主因。由一條集運材道排入河川的泥沙，可能是道路四周皆伐地區所排入的十倍之多。皆伐地區重新植林，或者我們希望終會如此，但道路卻數十年都還存在。道路改變水逕流模式，並對地下水流造成永遠的破壞。大雨所沖刷的岩屑可能堵塞涵洞，導致河水溢流，將整條道路沖毀，並使下方的河床堆滿淤泥；築路時堆聚的土方由於浸滲而致崩垮。

這些沙泥沖積造成的後果是洪水、沖蝕、山崩、河川水質惡化、河床沖刷、河道不穩及財產損失。魚隻因而窒息，河川因而死亡。研究已經指出，集運材道所導致的岩屑崩瀉，使該區域沖蝕速度高達未受干擾的森林區的 25 至 340 倍。

此外，集運材道以及兩旁的皆伐地阻礙了許多動物通行，譬如林鼠、田鼠、小鼠、青蛙、甲蟲等。如果被孤立的種群無法繁殖，森林的碎塊化也就直接導致其滅絕。當

相鄰的地區碎塊化時，甚至在上百萬英畝的國家公園裡，像灰熊這類大型哺乳動物的一些種群也會減少口數。

　　道路也導致有害物種入侵而傷害森林，這些物種可能是極微小的生物，例如造成美國扁柏樹根枯敗的病原菌。伐木機具和其他車輛在集運材道上來來往往，上頭沾附的泥巴便帶著這種病原菌從一地傳到另一地。入侵的有害物種也會有較大的，例如當前在西北部大部分地方長得密密麻麻，令原生植物無法生存的金雀花、喜馬拉雅懸鉤子、蒲葦。更大者還有如違法而笨拙的獵人，他們沿著集運材道到處盜獵本該安全無虞的動物。

　　這些並非道路所造成問題的全部。道路可能使土壤受到重金屬毒素污染，例如來自含鉛汽油的鉛，以及來自輪胎的氧化鉛。一連串的研究顯示，道路兩旁植物的含鉛濃度較高，而車流量增加會導致含鉛濃度提升。這些鉛接著在食物鏈循環，造成某些動物繁殖力減弱、腎臟病變、死亡率提高；再者，於高速公路附近，蝌蚪體內鉛的濃度之高，足可使吃牠們的鳥類和哺乳類罹患生理及繁殖疾病。因為機油及輪胎含有鋅和鎘，鎳則含於機油與汽油之中，蚯蚓體內除了鉛之外，也可能積存鋅、鎘以及鎳，其濃度有時高得足以使吃下這些蚯蚓的動物喪命。

　　道路讓人們便於前往林區，因此也提高了森林火災的次數和規模，不過這一點，那些想以「林火堪虞」作進一步砍伐森林理由的政客和木材業其他辯護者絕不會承認。

皮之不存，毛將焉附？

木材業摧毀森林的另一方式即是伐木本身。採集機具便是森林遭受破壞的開端；重機具（如推土機、卡車、集材機、伐木歸堆機）將森林土壤壓實，使得樹根所需的氧氣喪失存在空間，樹根因而無法擴展，這也增加樹根感染病原的可能性。土壤壓實的狀況可持續數十年之久，導致整塊林地生產力減弱。

工業性採伐之後所進行的「整地作業」也會破壞土壤結構及化學組成，翻土整地作業使得千百年來落葉層下面保存良好的土壤暴露於空氣和雨水之中；業界稱為「殘材」的廢棄物堆聚、焚燒使大部分剩餘的森林下層植物死亡，使土壤暴露、壓實、甚至貧瘠化，使地面下的植物根、種子、孢子喪失保護土層，也使氮和硫等土壤養分揮發掉。

推土機清除了焚燒殘堆，使該處大部分地方都喪失餘留在灰燼中的養分。焚燒過後，土壤的水分滲透度較低，如此一來則有害於植物以及接納超量逕流的河川。焚燒殘材也是森林火災的常因。

皆伐是工業性林業經營者偏好的「對待」方式——沒錯，他們確實使用「對待」這字眼，還好沒在前面加上「特殊」兩字。這種砍伐方式或多或少會使天然林結構永遠消失。

天然林的自我詮釋

　　天然林由多層植生構成，包含多層樹冠，有陽光得以射入的小空隙，也有陽光照射不進的暗洞。不同動植物在不同的棲地繁生，棲地則隨著時間改變。當一棵老樹在暴風中倒下時，它也使被壓到的幼樹死亡，如此森林中便多了一片小空隙。向陽植物在空隙裡生長，它們愈來愈大，一段時間之後，便使它們下方植生因缺乏陽光而死亡，而取而代之是喜陰涼處的植物。再過不久，新的冠層完整成形，唯仍低於較老齡的樹木；人類見不到的森林高處便因此有多樣的結構。而在另外某處，又有一棵老樹倒下。

　　或許那棵老樹並未倒下。政客及木材業其他辯護者喜歡說，如果不將已死的樹木砍伐移除，它們便在森林中「成了廢物」。但是，死樹對森林健康的重要性至少不亞於活樹。我們稱那些雖然已死但仍站立的樹木為「枯立木」，它們為那些在變軟的樹幹中挖洞築巢的鳥隻提供了棲息處所；松鼠也在這裡棲居，許多其他哺乳類、鳥類、昆蟲類、兩棲類、爬蟲類也一樣。真菌嗜長於枯立木，而許多動物嗜吃真菌。倒下之後，這些樹繼續提供棲息處所，只不過這時棲息的是不同的動物。這些樹儲存水分，當它們逐漸腐化時，也是為下一代提供養分的「庇蔭樹」。

　　皆伐會摧毀上述的複雜結構，而代之以光禿的地表。補植通常失敗，縱令成功其結果也是單一樹齡、單一樹高、常為單一樹種的人工林。

人們的「對待」

皆伐還有不良後果；當森林上層消失之後，雪就直接落在無樹庇蔭的地表。通常雪降在森林時，有一部分落在樹上，一部分落到地面。當春雨降在這座森林時，雨水先降入積留在樹上的雪，冷水再從積雪裡慢慢滴落到地表上的有機層，只要這些水在落地之前未再度凝結。地面積雪如果融化，這些水則被腐植層、疏鬆土、枯死樹吸收，然後再經過長時間慢慢被排釋出來，最終流進溪河或降到蓄水層。

森林砍除之後，雨水就降在光禿地表的積雪上，使積雪迅速融化成水，大片大片挾帶著土壤逕流而去。在林務人士的用語裡，這叫做「雪上加雨的事件」；用我們其他人的話來說，這可叫做災難。木材業辯護者壓根不提這事。

在溪流附近砍伐林木會減少樹蔭，導致水溫提高，進而殺死兩棲類以及諸如鱒魚和鮭魚等魚類。少說也十年了，凡是對西北部森林繫以任何關心的人士都知道，由於伐木、農業、發電水壩所造成的棲地喪失及水質敗壞，至少兩百個不同的溯河鮭魚群已經滅絕或有滅絕之虞。

即令是只在乎金錢的人，也該關心鮭魚之死，因為鮭魚具有商業價值。這一點政客也得好好聽著，過不了多久，「具有」就要變成過去式了。

森林邊緣擴大的後遺症

　　皆伐及道路也因造成「邊緣效應」而摧毀森林。森林邊緣與內部有所不同，某些動物偏好邊緣，某些偏好內部；許多偏好內部的動物無法在邊緣生存。把道路築進森林以及砍伐某些區塊，造成更多這種介於光禿地表與森林之間的過渡區。林務署及其他木材業支持者常聲稱，他們的「對待」方式改善了野生動物的棲地，這是卑劣的說法！因為他們所界定的野生動物只包括偏好森林邊緣的生物，譬如白尾鹿，但是，正因森林砍除以及天敵大量滅絕，全國許多地方白尾鹿已經過多，卻拿這樣子造就更多白尾鹿棲地來作為砍除森林的辯護，真是荒謬無稽。在此奉告各位：政客、林務署官僚或木材業代言人的基本目標全都是「砍而伐之」！當他們說將致力於改善野生動物棲地時，永遠、永遠、永遠要回過來問他們：「哪些動物的棲地改善了？哪些動物的棲地變壞了？」當然，然後你得永遠料著他們會說謊。不過，你已經知道這一點了。

　　林務署、威爾浩澤和白尾鹿都那麼偏愛森林邊緣，但倘使其在森林區所佔面積過大，那便有害，實際情況也已如此；原先受到保護的樹木如今首度暴露於強風之中，這些樹常被吹倒，因而將森林外緣往原本是內部的地帶推進。即使這些樹未被吹倒，現在也少了發揮隔離作用的林冠層，導致溫度變化加劇。如今陽光照射到林地有機表層，曬乾了，也就破壞了土壤。非森林物種從這些邊緣入

侵，以森林物種為食，與森林物種競爭。譬如，牛鳥（擬椋鳥，在北美水牛絕跡之前，被稱為水牛鳥）把蛋下在別種鳥的巢裡。鹿在林分邊緣囓食，吃光苗木和灌木，使得邊緣不斷往內移。你一定聽說過西點林鴞，這種鳥之所以遇到麻煩，原因之一是從邊緣移入的非原生橫斑林鴞佔據了牠們的棲地。如今，美國大部分都是區塊狀的皆伐地，在這些地方，內部森林正在消失之中。1980 年代晚期一項研究指出，華盛頓州奧林匹克（Olympic）國家森林內尚存的古森林有 41％距離邊緣不到 600 呎，因此，這森林已不適合以內部為棲地的物種。而自那時以來，情況只有變得更壞。

數十種植物、鳥類、兩棲類、哺乳類、昆蟲只能生存於受保護的古森林林分內，在此只提到西點林鴞、斑海雀、常尾詐戲三種就好，還有數十物種在其生命週期的某個階段，需要以古森林為棲地，如築巢期、繁殖期或覓食期。這些物種對整個森林群落的功能健全具有重要性，譬如說，肺衣類可固定土壤中為植物生長所需的氮。鼯鼠會吃菌根真菌，並將之播散開來，而這些菌根真菌則攸關北美黃杉吸收養分和水分的能力。

全世界溫帶及熱帶完整的大森林當中，75％如今已受威脅。地球上所有陸生物種之中，有 50％至 90％生存於世界各地的森林。這些森林正受到殺害，你要怎麼辦？

流毒無窮

　　因伐木而受創的森林，通常還會再遭受毒物之害。根據美國林務署 1998 年度報告，20 萬 357 英畝國家森林施用了 17 萬 9,240 磅除草劑、殺藻劑、植物生長調節劑、殺蟲劑、殺拘劑、費洛蒙、天敵殺除劑、殺魚劑、驅蟲劑和殺鼠劑。這些藥劑所含的化學成分包括會消耗臭氧的甲基溴、三氯硝基甲烷（其濃度若達 4 至 10 百萬分率〔ppm〕即會致人於死，在第一次世界大戰中，它被當作神經毒氣使用；今天，它的主要用途是當作後方民眾的殺菌劑）、加保利（carbaryl）、大利松（diainon）、馬錢子鹼（strychinne）等。在公司所控制的土地上，使用除害劑也是例行事項。你可以到木材公司的土地上走一遭，去看看那像是月球表面的山巒景象：這些土地被砍伐、焚燒、下毒，地力竭盡，如今在風中一點一點消失。

　　就整體來看，木材業所造成的損害更甚於各部分的總和；傷害會一一累積，層層加重。

　　試想，假設有人從你左大腿割下一磅肉，這不但會讓你痛得要命，你的身體現在還得應付傷口的問題。但正當你開始復原之時，同樣的人又從你右大腿割下一磅肉。這你還能容忍吧？你身上多的是肉，一磅肉沒什麼大不了。接著，他們從你上臂割一磅肉，從下背部割一磅，從腹部也取一磅。每一回，割你肉的人都說，你還沒因為這些非常輕微的損失而死掉，一磅還不到你體重的百分之一，別

哭叫了，讓我割下去！你有的是肉，因此，你一定還沒受到傷害。你看來很好，他們說，過去都沒這麼好。於是，他們從你左小腿割下一磅肉。接下來，折磨你的人不讓你睡覺，他們不停地割你的肉，一品脫一品脫取你的血——蚊子也吸你的血，他們說，你並沒因為那自然事件而死掉，所以我們所做也是自然的！他們把馬錢子鹼放進你的食物，然後他們再割肉，割了又割，你身上處處傷疤，像是馬賽克拼圖。

接著怎麼了？當然，你就命喪黃泉。

真正的森林病因

森林的情況也是如此；築路造成某一程度的傷害，使用重機具加重之；伐木愈使惡化，而把木材拖曳出森林、焚燒剩餘灌木叢以及在地表上施用毒劑再再都造成更多傷害。一步又一步，這些傷害了森林；一步又一步，森林逐漸死亡。

實情甚至比上述還慘——要是木材公司進行造林的話，新的「森林」通常也只栽種單一樹種。那根本已非森林，而是生產纖維的人工林。大多數森林動物要在這種地方生存，就像要在愛荷華州的玉米田裡生存一樣困難。不過，雲杉色捲蛾倒是很喜歡人工純雲杉林，松蠹蟲很喜歡人工純松林。生產纖維的人工林遠比森林更易遭受火災、疾病，以及由雲杉色捲蛾、松蠹蟲、毒蛾等所引起的災難性蟲害。當然，火災、疾病、蟲害乃大自然對於純林所做

出可料想得到、可預測也是有益的反應，這些反應之所以有益，是因為當純作物因這些災變而被摧毀之後，那塊土地便可慢慢回復多樣性。當然，火災、疾病、蟲害也會讓政客、林務署官僚、木材業代言人有理由認為應該增加採伐量，不但是在已受影響的人工林，最重要的是，要在所有他們能操鋸砍樹的天然林增伐！

這一切都是瘋狂行徑。這一切都在殺害森林。

殺雞取卵的工業性林業

即使我們僅從工業性林業的立場來看待森林，而不考慮森林之美及其存在之單純事實，不考慮構成森林的所有動植物生命和森林本身的生命，也不提所有因森林縮減而喪失生計的人，和那些自古以來就住在這些森林的原住民，也就是說，只考慮纖維生產，結論仍然是工業性林業傷害到森林。梅塞爾（Chris Maser）曾經是土地管理局（Bureau of Land Management）聘任的科學家，後來因無法苟同該局破壞野地的作法而辭職。他說：「就我所知，從來沒有任何國家或民族能夠輪伐人工林的樹木三期以上，而還讓這些樹木存續下去。著名的歐洲黑森林是人工林，它和其他森林正處於第三輪伐期之末而死亡；東部的松樹人工林步入死亡，也正是第三輪伐期之末。我們這裡沒有任何第三輪伐期。這個觀點被一篇報紙文章引述，雖然有點斷章取義，但還不算太扭曲。一位業界人士說，『對呀，哇，我們已經進入第三輪伐期，樹長得比以前更好。』

但是，他把天然老生林也算成一次輪伐期。我們現在才剛進行第二次輪伐，森林的生產量就已不如從前。如果我們以最大量採收土地產物，而以最小量回饋，那我便未珍惜土地。在每一英畝土地上，我們盡可能少花費，卻盡可能多採收。怎麼看，我們都不願投資在任何可再生的自然資源上面。」

當然，也有一些科學家願意而且很想說，輪伐三期之後的人工林仍可活下去。但我們所見過的受雇科學家，對於誰支付他們薪水這一點可都清清楚楚。為人工林說好話的科學家通常受雇於大型木材公司、產業公會、林務署或大學的森林系——其存在乃是為了替木材業效勞。

短視近利的人工林栽種

在真實世界裡，許許多多人工林不但喪失生產力，而且在第一、第二或第三輪伐期死亡。下面是關於亞馬遜河域一座人工林的故事：在 1970 年代，船運鉅子路德維格（Daniel Ludwig）相信會發生全球性木漿短缺，而他可以生產木漿材解決問題。他效法福特（Henry Ford）——此人曾於 1920 年代試圖在亞馬遜河域植造一座橡膠園——於是在亞馬遜河口一帶購買了 60 萬英畝土地。1978 年，路德維格從日本船運了一座木漿廠到當地，以免在巴西建廠曠日費時。儘管證據顯示，樹木在表土完整且含有機物質的土壤中長得較好，他依然剷除並燒掉潮濕的熱帶林，再栽植原生於亞洲的雲南石梓。

問題開始發生：雲南石梓的生物量是原生林木的四分之一；切葉蟻危害外來松樹，真菌阻礙樹木成長，損及木材品質。為了防避真菌，路德維格每三年砍伐雲南石梓一次，但這卻使土壤喪失養分。路德維格試圖栽種加勒比松，然後又種桉樹。紙漿廠廢水以及共營農耕所使用的肥料和農藥排入札里（Jari）河，殺死下游魚隻。

　　路德維格花了約 10 億美元試圖發展稻作、黃牛及水牛畜牧、高嶺土挖採，以及建立一個包含 3,000 個住宅單位、多家商店、數間學校、6,500 哩道路、一條鐵路、一座機場的公司城鎮。但是，從貧窮的東北部數州招募來的工人卻紛紛離去，每年流動率為 200％ 至 300％，樹也長不起來。路德維格讓造林公司宣告破產，使巴西銀行承受 1 億 8 千萬美元呆帳，那塊土地則以 2 億 8 千萬美元賣給一個由巴西數家銀行及公司組成的企業集團，而這筆數額之中有一部分係巴西公帑，地方及中央機關則須承接該城鎮的開支和管理。到了 1990 年代中期，造林公司（已改名為杜拉杜山林木公司〔Companhia Floretal Monte Dourado〕只種了幾棵樹，賣出少量木漿，而這些木漿有一部分取自原生林木，以彌補外來樹種成長不良造成的不足。）

人工純林容易引發大火

　　現實裡人工造林的後果，可以在印尼看到另一案例。1998 年，東加里曼丹 1,200 萬英畝以上的面積遭受火災，

這些大火造成的國庫損失超過 90 億美元。大多數火災發生於人工林，東曼加里丹的木漿材人工林有近乎三分之二被燒掉，也殃及先前改做農耕而再休耕的土地。在剛剛砍伐過的地區，火災毀損最嚴重，遠比其他地方都大。80%以上的火災是由民營公司所引起，而這些公司隸屬於與美國支持的獨裁者蘇哈托及其家族有密切關係的強大企業集團。林務部長舉出 176 家肇火的公司，但政府並未對它們採取任何行動。

相較之下，被燒的原生林保護區少於一百萬英畝。

這些全都在意料之中：熱帶雨林通常不會起火，因為其燃料量不多，其喬木和灌叢不是高度易燃，其濕度甚至在乾旱時期也很高。但是，林木砍伐及燒墾式農耕改變了這一切。印尼砍伐過的森林歷經多次（1982-83、1987、1991、1994 年）乾旱而起大火，主要是因為伐木殘材和成長迅速的先驅樹種構成的濃密下層植生所累積的燃料量，使森林大火得以到處竄燒。

假造林，圖私利

其政策在於鼓勵工業性伐木及木材輸出的世界銀行提出預測，如果目前情況持續下去，到了 2005 年蘇門達臘的低地雨林將消失，2010 年過後不久加里曼丹的低地雨林也會消失。

這些情況不太可能扭轉，儘管 60% 以上的印尼木材是違法砍伐，世界銀行等國際金融機構仍然施壓要求印尼

增加木材、紙漿、棕櫚油的輸出量。不過，如同我們在美國案例所見，為了取得木材，知法犯法乃是家常便飯。

自從 1980 年代晚期以來，已經有 120 億美元投入印尼紙漿和造紙業，連原本應該用於生活福祉的經費也常更動用途。根據世界銀行 1998 年一項內部報告估計，其專案貸款的三分之一去向不明，毫無線索；為最貧窮老百姓所設的社會安全網經費中，高達 70％ 未用於他們身上，甚至沒讓他們巴望一下。過去十年來，重新造林基金所動支的經費超過 50 億美元，但這筆金額的絕大部分卻用於砍伐天然林以便種植人工林，用於把溼地變更成稻田，用於蓋紙漿廠。造林基金名目下的款項也被挪用於支撐印尼的國營飛機製造公司、國家汽車製產計畫，以及其貨幣。

單單蘇門達臘的流舍（Leuser）地區就有全世界已知物種中的 2 萬 5 千種以上，包括地球上所有已知鳥種的 4％，以及所有已知哺乳類物種的 3％。向紅毛猩猩，向蘇門達臘的犀牛、虎、象和其他許許多多的牠們說再見吧！

伐林的骨牌效應

　　一旦破壞森林的完整性，許多生態與環境上的問題便會像骨牌效應——浮現，最後引發全面性地深遠而不可知的惡果。其實，其中許多嚴重性的惡果，也不過是最近半世紀才逐漸明瞭的，這包括生命多樣性的喪失與地球大環境的變遷及惡化。

　　修築林道是最直接破壞森林環境的因素，尤其是在台灣這種地形與地質。林道不但切裂原是完整的森林地景系統，而且林道引起土壤快速沖失，河床不斷淤積，水生物棲地的破壞，衝擊著陸域與水域整體的生態系統。台灣的現有森林多分布在河川上游，由於台灣自然擾動（如地盤上升、地震、颱風、土石流）的頻率多、強度高與面積廣，自然地貌快速地變動著；台灣表土的自然沖蝕率原本就高，島上所有自然生命的適應已經不易，若有人為加劇改變地貌與地表沖蝕，對於整個生物的生存與繁殖更是雪上加霜。

　　多雨與高溫造就了台灣是森林的國度。原是茂密蒼鬱的低地平坦之森林，如今已蕩然無存，皆已變更為農

地、都市、工業區、交通網或其他用途。全島現存的六成林地，其中生產力高的森林，已有二成變更為人工林了。我們在利用森林的過程中，破碎了原是較完整的地景系統，影響了棲地維持生物多樣性的能力；破壞了食物鏈與食物網的緊密關係，瓦解了森林內複雜的生態結構。

　　務林者過往以為伐後造林便已盡了保護與管理森林的責任，殊不知人工林造成生態與環境的長遠破壞，已逐漸浮現。尤其是破壞森林土壤的生態與環境並未受到應有的重視與關心。

　　總之，人為改變森林生態系，影響生態系的生產力的量與質，改變大地水文現象與營養循環，破壞食物鏈與食物網，加劇土壤沖蝕，這些都威脅整個生態系內的生物多樣性。

第五章

森林正在求救

需要大量伐林的產業，
常常也是高污染、不健康的產業。
造紙業是其中之最，
辦公室用紙則是耗紙的最大元兇。

大自然給予我的東西，我本當取而用之；我不認為我有道德
或任何其他義務將此延後，以便讓下一代或尚未出生之世代得以
享有我本該享有的東西。

科羅拉多州聯邦參議員

亨利・凱勒（Henry M. Keller），1909

伐木不但傷害森林，也損及其他地方。製材、木材處
理及防腐、造紙等工業程序都涉及有毒物質。

木材必須乾燥之後，才能用於營造業，不用說，這個
程序就造成了空氣污染。不過，乾燥處理的毒性還遠低於
其他製材過程；為了防腐，木材通常需要以高壓方式用木
餾油、五氯酚或砷，有時也用環烷酸銅、環烷酸鋅、氧化
三丁錫，加以化學處理，而這些都是危險化學物。

機械加工的木材製品，諸如纖維板、粒片板、合板、
工字樑，也含有有害化學物，包括揮發性有機化合物、酚
類、甲醛。

居家辦公的無形殺手：甲醛

讓我們稍稍花點時間來談甲醛。像合板和粒片板這種
木質板材是以高毒性的尿素甲醛膠合而成。在使用了這種
木質板材的住屋和辦公室裡，尿素甲醛會揮發出來。甲醛
是一種無色、有強烈氣味的氣體，在正常情況下，其濃度
低於 0.06 百萬分率（ppm）。其濃度若達到或高於 0.1
ppm，便會引起流眼淚、眼睛刺痛、鼻子和喉嚨刺痛、噁

心、咳嗽、胸悶、氣喘、皮膚疹等等症狀；2 至 3 ppm 以上的濃度則會引起氣管炎、肺積水、肺及呼吸道發炎、肺炎，以及致命的呼吸衰竭。甲醛是已知的致癌物，它也是工商業極常用的化學物，美國於 1991 年大約生產 66 億磅。

　　紙製品的生產過程會用到劇毒物質，你只要到設有紙廠的城鎮嗅嗅當地空氣，就會明白這情況。每年，美國境內 150 間化學紙漿廠排放出數百萬磅有毒化學物，包括鋁鹽、丙酮、氨、二氧化氯、氯、三氯甲烷、二硫化甲基、硫化甲基、氫氯酸、甲醇、甲硫醇、一氧化氮、二氧化硫、硫酸、甲醛、二氯甲烷、四氯乙烯、鉻、易脆石棉。雖然從環保署不再把某些化學物列為業者必須通報的污染物以來，造紙業在製造有毒化學物的排行下降，該產業在這方面至今仍是首惡之一。而且諸如戴奧辛、呋喃類等最劇毒化學物的排放，造紙業者根本從未通報過。

　　木纖維化成紙漿之後，常常再用氯加以漂白。化工業本身是氯的最大使用者，造紙業則緊接在後，名列第二，製造一噸紙需使用 100 至 150 磅的氯。氯有何不好？有機物（木材）跟氯結合就產生氯化有機化合物，使用氯漂白的紙漿廠所排放的這類化合物可高達一千種。這些化合物之中，已確認者只有三分之一，已檢測毒性者則少之又少。但是，已檢測者之中，有一些卻屬於人類至今所製造的最劇毒化學物：四氯化物、三氯甲烷、氯酚、多氯二聯苯戴奧辛、多氯二聯苯呋喃、多氯酚類化合物。製漿過程的其他副產物包括像多氯聯苯這種合成氯化烴，它已經和

DDT、毒殺芬、可氯丹一起被禁用。

戴奧辛和食物鏈的關係

製漿造紙業是戴奧辛的第二大來源，次於燃燒塑膠，而後者產生的戴奧辛則多了不少。有人認為，戴奧辛若非我們工業經濟所產生的最毒物質，也幾乎不亞於核能及核武工業所產生的一些物質；也有人建議戴奧辛還不能納入前十名最毒物質之列。縱使如此，以我們文化偏好製造毒物的情況來看，戴奧辛要登上排行榜，仍然輕易得像是某個球員在首輪投票就能獲得全數同意而晉登棒球名人堂那樣。無論如何，除了幾個業界的傀儡，大家都同意戴奧辛是危險的東西。環保署已經確定戴奧辛及同類有毒物質與下列病症罹患率的關聯：乳癌、睪丸癌、攝護腺癌，以及不孕症、免疫系統缺損和神經系統失調。

當然，棲息在造紙廠下游的其他生物也會遭殃；造紙廠排放的戴奧辛導致魚類腫瘤、鳥喙無法咬合等畸形、蛋殼變薄及許多其他繁殖方面的問題。由於戴奧辛具有生物累積性，也就是它會存留在攝入者體內，接著在捕食此等攝入者的動物體內蓄積，如此隨食物循環逐層遞增，因此，捕食者體內這種有毒物質累積的濃度也較高。這情況包括人類在內；由於戴奧辛污染，住在造紙廠下游的人常被勸阻不要吃從河裡捕獲的魚。

再者，造紙需要用水，而且非常大量。就全世界而言，造紙業是用水量第五多的工業；在美國，製漿造紙業則是

用水最多者。工廠用水排放到河川、下水道、湖泊時，其中盡是化學物。

　　木材或紙張在使用過後仍繼續危害著人類及自然界——倒不只是因為人們閱讀了印在紙張上的相關企業的矇騙宣傳，木材及紙製品廢棄物清理是個天大的問題。

每10%的回收廢紙可拯救100萬英畝森林

　　關於廢棄物，下面是幾個會叫你服了的數據：1988年，美國總共產生1億80萬噸都市廢棄物。如果目前情況持續下去，到了2010年，美國的2億7,500萬人口將每年產生2億5千萬噸垃圾。

　　美國的廢棄物之中，大約三分之一來自公司行號；全國的辦公室職員在1988年總共丟棄700萬噸以上的辦公室用紙。當年，包括紙板和新聞的紙類是都市廢棄物流的最大宗，計7,200百萬噸，也就是廢棄物總量之40％。辦公室用紙是第三大量的紙類廢棄物，次於瓦楞紙箱和新聞紙。1960年，辦公室用紙佔廢棄物流的1.7％，1988年增加到4.1％，2010年的估計量則為6.4％。就此看來，有了據稱可以節省紙張的電子郵件和其他科技也罷，辦公室用紙還是增加最快速的廢棄物種類之一。

　　居住在美國的人，每人每年大約消費700磅紙。某些州及人口階層消費量較高，例如較富裕、教育程度較高的加州人每年平均用掉900磅。

　　環保署估計，1990年回收再生的廢紙為2,100百萬

噸，即全部耗用量的 29％。可喜的是，回收量提升了；1992 年，就在兩年後一些國家的回收率如下：台灣 56％，荷蘭 53％，日本 52％，德國 51％，瑞典 44％，美國 39％，丹麥 37％，墨西哥 35％，加拿大 35％，英國 32％，芬蘭 28％，中國 24％。

到了 1997 年，美國回收了全部廢紙的 45％，而這些回收廢紙相當於造紙業纖維需求量的 38％，對照 1987 年的回收量為纖維需求量的 25％。

在美國，每 10％ 的回收廢紙可讓 100 萬英畝的森林免於被砍伐。

耗用紙張的衝擊

台灣每年約需有使用 500 萬噸的木材，也就是要用掉 100 萬公頃成年林一年的生長量。雖然有大部份的木料可能取自集約經營的人工林，但人工林不是真正的森林，其經營對環境改變與破壞也很大。

例如，從開路、伐木、運材、碎材，化學處理，製漿，造紙的一連串過程中，各種污染物隨之排放到空氣、水中與土地上。其後的包裝、運銷與交易更需要用到大量的其他自然資源。這些製漿造紙工業都影響地球的整體環境。最後，廢棄紙的回收與處理更是能源與環境的另一個大問題。

以森林面積比例而言，台灣是森林大國，但是紙漿材生產的侏儒；每人的年紙漿消費量居全球第十位，原料全靠進口。每年年產 450 萬噸紙，其中有四分之三是來自再生漿料，如此，雖然可減少伐木的壓力，但是並未減少化學污染環境與人體健康的毒害。我們還有極大的空間檢討用紙量對生態與環境造成的衝擊與提升文明和生活水準的貢獻。

第六章

不具正當性的藉口

在人類砍樹前，
大自然長久以來都能平衡而穩定的運作，
很多看似有必要伐木的理由，
其實只是為了想染指森林的藉口。

我們一直沒用心說明，讓大家瞭解我們，我想，接下來我們可要好好花點力氣。

喬治・威爾浩澤（George Weyerhaeuser）

1990 年 10 月 10 日於西雅圖扶輪社演講

我們不是在殺害森林……

我們常聽說樹木是「可再生資源」。我大半生在西部度過，且又大多住在受大木材公司支配的地區，因此，我見過無數保險桿貼紙上宣稱樹木是美國的可再生資源，多得說不上來。通常，這些旁邊還有別的貼紙，印著下面文字：「跨進門，坐安穩，別聒噪，緊緊靠」；「老婆怨我沒耳朵，我想她是這麼說」；或者像不知所云的「救救一棵樹，抱抱伐木工」。幾乎沒有證據顯示，經過三輪砍伐清除之後森林土壤還可再生，土壤如此，林木當然也一樣了。不過，在此還得提到一個更深層的問題：也就是，不靠宣傳矇騙，暴力無法得逞。

邱吉爾（Winston Churchill）說過這句妙語：「在戰時，真相太重要了，洩露不得，因此該由撒謊的護衛隨時守護著。」邱吉爾對戰爭及和平時期的謊言都不陌生，所以，我想他的話頗有見地。我倒是想把他的說法稍做修改，以便適用於一場甚至遠比第一或第二次世界大戰還要恐怖、更具毀滅性的戰爭：我們的文化對大自然所發動的戰爭。我要說，在這場戰爭裡，真相太可怕了，洩露不得，

102

因此必須由撒謊的護衛守護著。有些時候，民眾是那麼容易那麼情願被誤導，否則他們恐怕會怒不可遏；因此撒謊的人是存心要計謀，睜眼說瞎話，藉此安撫民眾。有些時候，撒謊的人對自己的話也信以為真。正如里夫頓（Robert Jay Lifton）在其關鍵性著作《納粹醫生》（The Nazi Doctors）中一清二楚地寫著：一般而言，犯下大規模暴行之前，你先得讓自己相信，而且必須讓別人相信，你所做的不是壞事，而是好事。

我們不是在殺害森林，我們是在製造衛生紙。

我們不是在殺害猶太人，我們是在淨化雅利安族。

我們不是在殺害森林，我們是在創造工作機會。

我們不是在侵略俄國，我們是在爭取生存空間。

我們不是在殺害森林，我們是在預防野火。

我們不是在殺害印第安人，竊奪他們的土地，我們是在執行天賦使命，讓這塊大陸人煙密佈。

我們不是在殺害森林，我們是在替森林防範疾病。

我們不是在殺害越南人，我們是在避免他們變成共產黨，避免他們傷害自己。

我們不是在殺害森林，我們是在促進地方經濟繁榮。

我們不是在殺害原住民，竊奪他們的土地，我們是在開發自然資源，推動全球經濟。

揭密！這些說辭背後的真相

長久以來，砍除森林的實際情況由一群撒謊的護衛包藏著，其功效和規模甚至超過化妝林緣帶。皆伐地變成「暫時性草原」及「模擬自然擾動」；皆伐被稱為「同齡林經營」或「機械式滅火處理」；在皆伐地中央留下幾棵樹叫作「擇伐」。古森林則被描述為「熟透了」。他們想藉此一說，讓大家以為是原本就在衰敗的東西消失了，沒什麼大不了；否則，要是大家知道，消失的是早在我們的文明來到並對大自然發動戰爭之前即已存在的東西，那可會群情譁然。老生林被稱作「生物沙漠」，儘管廣泛的科學研究已顯示，天然林為世界上的大多數瀕危物種提供了棲地。幾種特定動物被選為「指標物種」，這樣，就不必把相互依存之物種所構成的整個森林生態系視為一個相輔相生的整體。

政客、財團媒體記者及木材業代言人常常口出謊言，閃爍其辭，藉此為進一步砍除森林做辯護。就連一些明顯得荒謬無比的謊話和掩飾，竟然也很少受到質疑，其錯誤前提難得有人點破。由此，你就知道我們的文化有多病態，我們的公論有多匱乏，我們的財團媒體有多墮落。為了讓讀者不被這類最平常的謊言所矇騙，我們在下面列舉數例，並提出常識性的反駁。

業者說辭：今天我們比七十年前還有更多的樹

首先，請注意「我們有」這個表示擁有的語式。但是，就像水或空氣一樣，樹木並不屬於我們，樹木屬於它們自己。二則請注意，業者挑選三十年前或七十年前的情況來做比較，而當時，森林已經砍伐殆盡，這是操弄數字的老戲法。先把選取的範圍盡量縮小，但還大得讓人覺得足以支持你的說法，然後再把這個選樣當成通則來討論。譬如，我們讀過木材業辯護者這樣寫道：二十世紀初以來，叉角羚種群的個體數有所增加，可見「森林經營有益於野生動物」。這完全說不通，因為棲居平原的叉角羚根本不會在森林附近出沒，所以，我們要是依樣畫葫蘆，也不妨把牠們的復育歸因於紐約洋基隊的輝煌戰績。不通之處不止於此，更加要緊的是，西方文化擴及西部之後，人們就馬上開始屠殺羚羊，以致其數目與時俱減。據估計在新大陸被征服之前，叉角羚的個體數有 1,000 萬至 1,500 萬之多，其個別集群之大足可跟水牛群匹比，但到了 1924 年數目只剩 2 萬 7 千頭。自當時以來，叉角羚的數目已回升到 70 萬頭左右。如果你從 1924 年算起，那麼這看來是個不得了的成果：我們看到的是 25 倍的增加率！但如果把分析範圍擴大，你就會看到我們這個榨取性文化對叉角羚的實際影響：其數目減少了 85％至 95％。

此外，在這當中產業代言人還玩了一個甚至更加狡詐，而且也是慣用的技倆，亦即把無法比較的項目混為一談，猶如它們是完全同類的東西——木纖維並非天然樹，

小樹並非大樹，人工林的樹木並不構成一座森林。如果像他們在這方面所做的那樣，把十吋幼苗跟千年巨樹混為一談，那就非但荒謬，而且太低級了。全世界的原生林之中，只有20％目前還是未開拓林，這種森林相對而言較未受干擾，面積夠大，足以由天然事件調節其生長，也足以支撐能在此存活的原生植物及野生動物種群。有76個國家已經喪失其全部的未開拓林；人工林可不算數。

　　對人類來說，原生林一旦被砍伐，也就永遠消失。許多年前我見到曼寧（Dick Manning），他寫了《最後的抵抗》（The Last Stand 譯按，stand一字有「抵抗」及「林分」雙關含意），描述他當記者時因為報導蒙大拿森林的真實境況，而被財團媒體炒魷魚的經過。當時我跟他說，如果我們能保留越多的森林，五百年後這些森林可能又成為老生林，那該有多好。他指出，首先，很多樹種已經在至少某些地區被鏟除乾淨，因此可能不會再度出現。更重要的是，有些樹可以活五百年或一千年，因此，五百年後一座森林連一個養分循環都尚未完成，其中沒有一棵樹已經變老、死亡、腐爛、轉化成新樹；一座森林必須經過數千年之久，才會成為機能完整的極相林（註1），達到所有部分都相輔相生的狀況。

　　如果不嚴格區別五十年輪伐一次的樹木林場與機能健全的森林，縱使只暗示兩者之間有絲毫相似：那便是自陷於極端的無知，或者刻意欺瞞。無論是哪一種情況，提出此類說法者沒有資格參與林業決策。

說辭二：美國境內有數百萬英畝老生林

這話沒錯，但有誤導作用。在美國，150年以上的森林有3460萬英畝，不到全部森林的5%；200年以上的森林有970萬英畝，低於全部林地面積的2%。相較之下，單單威爾浩澤一家木材公司在美國就取得了570萬英畝林地；李溪木材公司（Plum Creek Timber）在19個州取得770萬英畝；國際紙業公司（International Paper）在美國境內控制了1,200萬英畝林地。當然，這些木材公司的土地都已經不是老生林地；這些是人工林場，上面長的是健康狀況不一的次生樹或三生樹。

我們的文化害死森林。全世界的原生林之中，20%仍處於未開拓狀態，這些森林能維持這種狀態，通常是因為地處偏遠。全世界森林只有8%受到保護——即使只是有名無實的保護也算在內。還更糟的是，尚存的古森林當中，有很多被道路割裂，面積小得無法提供野生動植物棲地。可悲的是，縱使這些林分避得了鏈鋸，由於小林分容易被風吹倒，也容易因其他因素而死亡，它們仍然不太可能維持老生林的狀態。

說辭三：為了提供工作機會，必須砍伐森林

如今，伐木造紙業以及其市場已經達到全球性規模，有競爭實力的公司只剩下幾家。過去一個世代之間，該產業生產量增加，就業人數卻減少。為了降低產能過剩及提高市場佔有率，公司不斷合併，然後進行裁員。在1970及1980年代，美國造紙廠數目減少21%，但每家工廠的

平均產量增加了 90％。同一時期，紙類產量增加 42％，
該產業就業人數卻減少了 6％。採伐量增加 55％，伐木業
及紙廠就業人數卻減少 10％，或 2 萬 4 千個員工。僅僅
十年之間（1987-1997），紙漿廠減少了 2,900 個就業機會，
造紙廠減少了 1 萬 2,100 個。過去五十年來，美國造紙業
員工平均生產量增加了四倍。製漿造紙業從 1990 年代晚
期展開一連串整合，預料這將再減少 5 萬個工作機會。

任何新聞工作者，只要還有絲毫誠正之心，就不會把
1990 年代關於保護西北部太平洋海岸區森林的辯論定位
為「林鴞或工作，兩者擇一」，而或許會將之定位為「工
作機會或自動化、合併與縮編，兩者擇一」。話說回來，
要是這樣界定問題，那就違背了當權者的利益。

說辭四：為了撲滅林火，我們需要築路和伐木

森林起火是自然現象，對生態系的健全功能不可或
缺。天然林起火大多是由雷電引發，燃燒範圍通常很小。
大多數災難性大火則由從事工業活動的人類造成，常常因
使用採伐機具或皆伐之後焚燒殘材而引起。而且，災難性
大火通常發生於經過皆伐、林木不健康的地區，其中的樹
木擁擠、矮小又同齡。《內華達山脈生態系研究專案小組
呈國會總結報告》說得很簡明：「由於林木砍伐造成森林
結構、林地微氣候、燃料積累量的改變，這項作為比任何
其他晚近的〔原文如此〕人類作為都更增加了火災的嚴重
性。」

說辭五：林業可改善野生動物棲地，並對森林有好處

如前所述，我們得要問問，到底是哪幾種野生動植物受惠於林業——即便在最佳情況下，林業頂多把森林變成樹木林場，但更常常是將之變成一片荒瘠，而他們所謂的受惠是來自這些改變後的境況。以森林內部或大塊完整林地為棲地的動物必定受到傷害。對此不瞭解或明知而故意忽略的人，都沒資格制定或影響涉及森林命運的決策。

　　財團媒體記者總是跟著業者口徑一致地說，工業性林業是森林健康所不可或缺。在我們經驗中，這些人沒半個會接著問一個明顯的問題：那麼，還沒有工業性林業的時候，森林怎麼可能存活？

說辭六：產業在改善之中，林業經營越來越注意其影響

　　這是所有剝削者的口頭禪，從家暴加害人到獨裁者到公司頭子，無一例外。以前可能有些問題，現在不一樣了。過去該忘掉，日子還得過，眼前才重要。

　　反家暴人士用了一些字眼來稱呼相信此類說法的人；這種人叫作共依存者，有時候被說是促成者，常常是所謂受害者，有時也叫作無知無覺者。

　　環保人士也用了一些字眼稱呼在森林問題上相信此類說法的人：財團媒體記者、木材業僱傭、變節環保份子。

　　森林砍除的速度持續上升，倚賴森林的動物種群數持續下落。在許多國家，木材公司常常殺害那些抗拒掠奪的人，這事實明明擺在眼前，我們卻還得相信木材業正在改善？當權者到底認為我們笨到何等地步？更需一提的是，即便可能性極微，而他們自己卻還真的相信這些謊言，那

他們又該有多愚蠢？

　　還有一點，而且是財團媒體幾乎從未提到的一點：全世界的林木砍伐近乎一半屬於違法，其行徑甚至連既存的鬆弛環保法規和立木價金基準都不遵守。

說辭七：我們需要木材和紙製品，因此需要工業性林業

　　這是胡扯。世界上已經充斥著木材和紙製品，製造出來的東西大多浪費了，大多沒有必要，像是免洗杯和免洗筷、薄紙、包裝物。紙不一定要用木纖維製造，直到上個世紀，造紙很少用到木纖維。

駁斥「撒謊的護衛」所言

　　木材業與造紙業這些謊言背後的基本假設是 (1) 這世界需要工業性林業，以便提供人類生存所需的消費者產品；(2) 皆伐類似於風、火等自然擾動；(3) 在皆伐地重新造林等於恢復了一座森林。由於民眾一方面無知，另一方面又不願瞭解森林，業界的說法就在社會上以訛傳訛了。要是明白了業界的基本假設如何站不住腳，大家就比較不會被他們的其他謊言所愚弄。

　　駁斥一：幾百萬年來，人類及其演化上的直接祖先過著沒有消費者產品的日子。我們不需要木纖維製造的紙類包裝物、免洗筷和免洗杯、廉價木材、用於灌注混凝土的合板模板等等。工業性林業少不了消費者，人們卻不需要工業性林業。然而，一個可以居住的地球可絕對少不了。

　　駁斥二：砍除林分和集水區的所有樹木（常常也砍除

所有其他植生）違背了自然規律。砍除之前，原來的森林覆蓋，只有很小一部分會受到火災或其他天然（包括人類）擾動的影響。如今，全世界原有的森林覆蓋只剩下一小部分，而且急速縮減。由於工業性林業，而非演化，使得數千數萬森林物種已經滅絕。全球森林砍除不是以前發生過的自然現象！一旦遭受徹底摧毀，天然林不會在任何人類可掌握的時間尺度之內回復原狀。

　　駁斥三：如果栽種的樹木是為了生產纖維，必須施用石化產品，而且很快就砍伐一次，那麼，這種人工林並不是功能健全的森林生態系。現在，熱帶地區也有種植桉樹或松樹等單一樹種的人工林，其林木每七、八年便砍伐一次。天然林需要數千年才能演化到穩定狀態，也需要數千種動物、植物、藻類、真菌的共生關係。

註 1：極相林，天然林經歷長久演替達到的一個穩定狀況。

伐林藉口的反思

　　人人似乎都是天生的訟棍，每次盡力掩過飾非，為辯護自己不當行為提出證詞、證據或證人；百般狡辯不利於自己的證詞、證據與證人。人類利用森林的理由似乎正面堂皇與振振有詞，一副民胞物與的胸襟，然而對於所造成的生態與環境問題，卻以訟棍的心態待之。

　　為求合理化，人類可以說造林能替代原生林、可以改善經濟、增加就業、造福民生，只要有水土保持工程或採用生態工法，便可大砍森林與改造地貌；果樹與檳榔可以代替樹種，於是滿山遍野的矮化果園與檳榔園取代了天然森林。

　　我們伐木的藉口之一是森林屬再生資源。從這句模糊的口號，導出有利自己、這個世代、全人類的說詞與詮釋森林的利用。硬要說森林是再生資源，最多能指的是森林中的木材生產，並不包括摧毀天然林造成的其他環境品質、改變生態功能與生物多樣性。即使視森林為再生資源，也要明確地指出此資源的再生性與其時間及空間尺度的關係。

當前的實情是好土地皆已開墾為農地，生產力次差的森林已變更為人工林。對人類不懂得如何經營的砍伐地，只好任其荒蕪了。

　　當前許多伐木的藉口，因為考慮到時空尺度的影響力，加上人類中心主義的意識形態，全球森林面積急速縮減。我們當前的森林生態學知識不足，森林利用必須從保守與保育的觀點出發。

第七章

避重就輕的
環評報告

想開發而辦的環境影響評估，
往往寫出已預設立場的環評報告和環說書，
對實質問題避重就輕，
而且對不落實的企業莫可奈何。

且不論林木之歸屬，土地所有權會如此集中，裡頭必有權力介入，這幾乎毋庸置疑。若無約束性規範，該權力之濫用自可預期。

美國公司管理局（U.S. Bureau of Corporations）木材業 1913-14 年度報告

（美國公司管理局不久之後即遭裁撤）

政客的眼不見為淨

1995 年，我終於瞭解美國政治體制如何運作，同時認清那套體制以及整體文化是如何無可救藥。也在同一年，許多原住民朋友對我說：「你怎麼花了那麼多時間才搞懂？」在反對這個體制方面，他們有豐富經驗。五百多年來，他們一直抵抗這個文化，及其對環境和其他文化的破壞，而且早就看出了如紅雲（Red Cloud）所說的真相：「他們給了許多承諾，多得我記不得。但他們只實現一個——他們說要拿走我們的土地，他們真的拿走了。」

那時我住在華盛頓州東部，我走過當地以及愛達荷州北部一些綿延數哩的皆伐地。無論我或是任何人走到哪裡，所見情況都一樣。我看到溪床被春季每幾個禮拜就爆發一次的「百年週期」洪水沖刷，溪流基本上已無育殖力；我看到遷徙中的苔原天鵝屍體，洪水將每日可高達一百萬磅的採礦廢物從山上沖入濕地、河川、湖泊，其中的鉛毒死了這些鳥。

我看到政治人物急著保護那些繼續製造破壞的公司，

他們還想裝出一副沒事的樣子。有好幾年之久，斯博坎（Spokane）森林看守協會（Forest Watch）和內陸帝國地區公有土地委員會（Inland Empire Public Lands Council）的環保人士三番兩次央求所謂的民意代表，也是美國眾議院議長佛里（Tom Foley），請他針對選區內森林遭受破壞的事想想辦法。最後，他終於紆尊降貴，答應去看一看。公有土地委員會安排了一架小型飛機，載著一行人從空中視察。接下來發生的事還真有代表性，因為我們在本書所談的問題大概都可以從那件事舉一反三。飛機升空不久，佛里就睡著了，兩位環保人士一再叫醒他，要他看看皆伐地。他醒了那麼一陣子，時間長得夠他打打哈欠，揉揉眼睛，瞄瞄窗外，然後他又閉上眼睛，進入夢鄉。

　　我看到財團媒體記者踉踉蹌蹌，眼睛緊閉，不見為淨。他們暗示，就以鉛污染為例吧，即使曾檢測出的人類血液鉛含量最高的案例中，有些是當地兒童，實在也不必為此杞人憂天，因為「斯博坎河上看不到人屍漂流」。我看到海鱒和愛達荷克氏鱒的種群一蹶不振；這一切發生著，森林砍伐繼續著。

生命價值與公司權益孰先？

　　如果是在公司名下的土地砍伐，我們可管不了太多。西方文化有一個相當奇怪的觀念：公司的「權益」居於首位，而公司只不過是法律上的虛擬、非自然的建構；但人類生命的權益，更不用說非人類生命的權益，以及這一切

生命賴以生存之土地的權益都屈居其下。由於這套價值體系，我們只能憑藉最原始的方法，來減緩這些虛擬法人團體在名下土地進行的全面森林砍伐，不出意料，這些土地大部分是當初公司以非法手段從百姓手上取得的。

對於公有土地上的森林砍伐，我們倒有些辦法加以減緩。美國林務署和土地管理局以巨額補貼的價格將立木售予木材公司；縱使政府的林木標售規劃人員會在帳冊上動手腳，行徑不亞於勤業會計事務所（Arthur Anderson 譯按，曾為爆發醜聞的安隆公司做假帳），這些價格還是常常連行政開銷都不足以支應，遑論齊於材木市價，更甭提得以償付摧毀森林的天大成本。這些行政人員也鼓吹在公有地上進行有害環境且以公帑補貼的牛隻放牧，在公有地上進行有害環境且以公帑補貼的礦物開採，在公有地上進行有害環境且以公帑補貼的石油及天然氣開採，在公有地上建造有害環境且以公帑補貼的滑雪度假村等等。事態如此，你明白了；你也受騙了。

公司土地與公有土地的差別之一是，管理公有土地的行政人員至少在表面上必須遵守較嚴格的法律（除了某些情況之外，此點下文將提到）。他們必須維持一切為公益設想的假象，維持假象的一部分工作在於撰寫稱為「環境評估」及「環境影響說明」的報告書。

傀儡樣板：「環境評估報告」

很明顯，在名義上，環境評估報告的目的在於估量林

務署計畫執行之任何「行動」將造成的環境損害，但可以意料的是，林務署幾乎總是判定每一項行動都「不致造成重大影響」。針對像是在露營地挖挖茅坑，或是用手移除外來種植物之類的小行動，評估結論如此（這兩個項目可能各佔一頁長而完全不會引起爭議）；針對涉及數千英畝皆伐面積的大規模林木標售案，評估亦然（這類評估長達數百頁，結論必定是「不致造成重大影響」）。

如果計畫案對環境的損害非同小可，連林務署都沒辦法自欺欺人說「不致造成重大影響」，那就需要撰寫篇幅長了不少，內容周延許多的環境影響說明書。該文件描述（應該說輕描淡寫）預估的環境損害。

依法，環境評估報告和環境影響說明書的目的在於幫助林務署及民眾針對公有土地的「經營」做出明智決定。既然如此，照理說林務署決策官員必須分析比較大概四、五種可選擇的行動方案，然後依據文件所陳述的研究結果，從這幾種方案中選出最妥善者。涉及林木標售時，可選擇方案的一個極端是「無行動方案」（不砍伐），另一極端是皆伐一大片又一大片的森林，以低於成本的價格出售數千萬板呎林木。但是，體制本身受到操縱。

林務署、土地管理局（以及其他聯邦機關）時常解雇、威脅要解雇或用其他方式修理那些認為伐木、採礦、駕駛越野車、開採天然氣及石油等等會傷害森林的生物學家和植物學家；這兩個單位也同樣常用這些方式修理那些認為上述種種都會損害考古遺址或美國原住民聖地的文化研究

專家；揭露蓄水層、小溪、大河遭受破壞的水文學家；揭露人們及地表被毒素所害的毒物學家等等，他們的處境也都是一樣。再者，林木標售規劃者以及其他人員經常每幾年就換調到別的林區，這使得忠於職守的規劃者無法對森林或社區產生親密感，而當欺瞞作假的規劃者所謂「不致造成重大影響」被發現是不實預測時，他們也已離開原職，無須負責。要是民眾能夠逼林木標售規劃者去看看受到沖刷破壞的溪床，那姑且也可消消氣，可是，就連想要過過這麼無濟於事的乾癮也不可能──當然，如果還找得到規劃者，他們大概會像佛里一樣，反正就閉上眼睛，什麼事證也不瞧，畢竟，他們在規劃過程中就是用這一招的。

環境評估報告和環境影響說明書的目的，實際上並不是要幫助大家針對任何事情做出明智決定，而是企圖把很久之前便已做成的決策正當化，企圖履行政客與其企業支持者之間的暗盤交易。這些常常是極強大的企圖：任何曾注意美國政治運作方式的人都不會對此感到訝異，雖然我必須承認，我難免天真，因此最先還覺得奇怪。坦白說，就連裝模作樣地把環境評估報告和環境影響說明書當成是實際決策文書，這樣的舉動林務署都不太想去做。以我所屬團體監督過並時常反對的林木標售案來說，相關的環境評估報告和環境影響說明書有數千份，但在這麼多文件裡，林務署從未認定「無行動方案」是最佳選擇，連一次都沒有；他們的「優先方案」總是皆伐。即使是一千隻黑

猩猩在一千個電腦鍵盤上敲打一千年，也終究會打出一份認定不砍伐是最有利於森林的環境評估報告。

在原來的說法裡，黑猩猩的數目要有一百萬隻，但世界上已經沒那麼多黑猩猩了。當然，黑猩猩少不了森林，因此牠們為林木標售規劃案所寫的每一份環境評估報告都將導向「無行動方案」——如果牠們笨到這個地步，去設立了一個連林木標售還予以考慮的體制。

經濟體系獎賞破壞性的行為

林務體系從上到下還受到其他方式的操縱。譬如，個別國家森林的整體管理至少在名義上必須依據所謂的「森林計畫書」，我們時常會反對計畫的某些部分，特別是其中對榨取性產業的強調。他們會回應說，反對來得不是時候，我們應該在環境評估報告和環境影響說明書公佈之後，才針對個別文書的內容提出這一類申訴。我們聽從指示，等到環境評估報告和環境影響說明書公佈了才提出申訴，這時候他們又說，反對來得不是時候，我們早該針對森林計畫書提出申訴。這路不通，那路也不通：死棋。

要對林木標售決策提出申訴可需要絞盡腦汁。環境評估報告和環境影響說明書使用的是官僚語言，因此，縱使其內容言之有物，要搞清楚那到底是什麼鬼意思也近乎不可能。這些文件刻意欺矇，其目的在於讓不疑有他的民眾誤認為森林砍伐「不致造成重大影響」，這使得文件又更加難以解讀。他們的術語變來變去，每當我們破解了他們

用來指稱「皆伐」的密語時，他們就改用一個新的，大概希望這樣便可讓多一點皆伐逃過我們的耳目。或者，說不定他們也樂於糟蹋文字，就像樂於糟蹋森林一樣。

我們會閱讀這些文件，找出其中的謊言，認定林務署在何處違反了《國家環境保護法》、《國家森林管理法》、《瀕危物種法》、《淨水法》等等。一方面，這是不費吹灰之力的工作：相關的林木標售案一眼就可看出是違法的；另一方面，為了解析文件中閃爍晦澀的言辭，這項工作既費力又耗時。當你想到，那些大耍這種修辭技倆的人只需撒謊，每年就可撈進三萬、四萬或五萬，而我們這些費心解析的人大多半毛錢也沒拿到（兩三個我們這邊的人的確有報酬，每年收入是多得不得了的一萬六），做起工作可就更覺辛苦。我們發心來做這件事，何況這也是該做的事，能夠本於真心來做事有多美好！只不過，想到那些人一手摧毀大自然，另一手收取報酬，想到我們盡心盡力制止他們的破壞卻兩手空空，這就叫人氣憤不已！如果得用三言兩語來形容我們文化的病症，大概這就是了：我們的經濟體制獎賞破壞性的行為。

有一個晚上是我永遠忘不掉的。那時候是冬天，深夜一點半左右，天空無雲，星燦點點。溫度很低，冷得我顴骨刺痛。從那晚六點開始，我就猛讀著一份環境評估報告，讀到 175 頁，我知道該停下來了。175 頁有一個圖表，文字說明指出，它跟 43 頁的圖表完全相同，「僅為讀者之便複製於此」。但是，兩個圖表並不一樣，分別證實不

同的論點，43 頁的圖表要顯示一條溪裡的克氏鱒有多少，而 175 頁的圖表要顯示的正好相反。報告撰寫人捏造了不同的圖表，而且捏造了不同的支持數據，用來證實他們的不同論點。我把報告書丟向房間另一頭，穿上大衣，闊步走入寒夜。

環保之路

我在寒氣中走了很久，思緒繞著小圈子轉個不停，害我頭痛又疲憊，我走著走著，想讓腦子舒放開來——這事我不幹了，今晚上就到此為止，以後也永遠不再碰，我不想讓自己這樣被耍弄凌虐。

可是我知道，我不能放手不管，那樣做正合了他們的意。他們就是想用謊言把我們搞垮，我不會讓他們得逞。

我們常在深夜接到持異議的林務署人員打來電話。舉個例子，對方使用的聽來像是公共電話，沒報姓名，可能講下面的話：「仔細讀第 57 頁。不管你怎麼讀，別忽略了一點。這個林木標售案對蒼鷹和湯氏兔蝠會有什麼影響，報告裡一點分析都沒有。」然後對方就掛了電話。

我們會把申訴書寫好，遞交給當初批准規劃案的人，這真是怪事一樁——他們當然會否決我們的申訴！我們會再就這項否決向他們的上級申訴，這些上級當然又會否決。我們會這樣跟他們纏到最頂端，直到終於有人接受我們的申訴，或是我們上法院告他們。有時候我們沒辦法告他們，因為我們請不起律師，好在還是有不算太少的律師

願意幫我們打這幾場仗，通常免費或者收費低廉。

　　然而，總得到相同結果：當想要阻止我們的文化破壞某部分野生大自然，所有的失敗都是永遠的，所有的勝利都是短暫的。贏得一項林木標售案申訴，並不等於終止了一次林木標售，也不等於保護了一片土地；那只能保護一片土地兩三年，因為無需超過這麼久，林務署就會再寫出一份環境評估報告，而這回他們的騙術可更高明了。時到今天，輸贏總結下來，美國的古森林剩下不到 5％。

　　儘管整個體制受到操縱而偏袒砍伐森林的立場，我們一夥人還是利用該體制本身具有偏袒性的規則，成功阻止了我們當地國有林的大部分違法砍伐，雖然為時不久。由於公有土地上的商業性砍伐幾乎全都違反環保法律，我們當地那些國有林的商業性砍伐幾乎全被我們阻止了。為了執行法律而讓森林得到保護，全國各地的積極行動份子運用了類似的策略，也獲得了類似的成果。

　　我們當地林務署分支單位的反應是增雇數十名人員。這些新人是為了加強對森林的瞭解而錄用的生物學家、植物學家、水文學家、人類學家嗎？非也，他們雇用了一名林木標售規劃員，其餘的都是科技寫作人員，任務在於製造更加油滑不實的文件。

以「森林健康」之名行砍伐之實

　　全國性的反應則強烈多了，我也由此明白，我們的文化是多麼堅定不移地想要摧毀地球。木材業界、政客和財

團媒體記者發動了一場大規模的宣傳戰，這件事本身並無新鮮之處，畢竟這正是他們的工作。不過這一回，他們借用了我們在論證森林如何遭受破壞時已經取得的說服力，而將論證步驟反轉過來，宣稱說：森林正遭逢嚴重的健康危機，因此我們必須迅速將之砍除。

　　且慢，重新讀讀他們的宣言。再讀一次。我讀那句話或類似說法已經太多次了，還是全都不知所云。

　　但，這正是政商勾結之後所掌握的那種極權的妙用之一。沒錯，他們執行「優先方案」時如果沒引起太大公憤，那當然對他們比較好，可是，他們根本無意尋求民眾認同，卻造就了民眾認同的模樣。要是民眾找到途徑，以有效的方式參與自己生存地域的相關決策，如同我們在申訴過程中的情況，他們就改變規則了事。只要能排除民眾參與，他們幾乎任何藉口都用得上。正如我們一次又一次，從一個又一個議題的經驗裡所看到，如果財團媒體一再刊登荒謬言論，久而久之，這些荒謬言論就會開始讓一些人覺得有理，另外一些人覺得困惑，還有一些人覺得氣餒。只要民眾變得麻木，木業公司就贏了。老生林已經消失了95％，剩下的，他們要砍就砍，沒事兒。

　　就這樣，1995 年，國會通過，柯林頓總統簽署了後來大家所說的「搶救條款」（Salvage Rider）；該條款指陳，森林健康狀況急速惡化，必須採取立即行動。因此，任何林木標售案，只要林務署或土地管理局認定是為了增進「森林健康」而有其必要者，都可不受所有環保法律之規

範。「搶救條款」包含了所謂的「充足認定用語」（sufficiency language 譯按，即條款中規定，若可認定環境評估已經充足，規畫案不必再受規範），這聽來很神奇，意思就是說，不得提出申訴或其他法律訴訟。明白說清楚了，不准民眾參與。意料之事。

你猜得到結果嗎？果然，幾乎每一林木標售案都被林務署和土地管理局裁定為森林健康所不可或缺。這是一場鏈鋸大屠殺，各地古森林紛紛倒下。在我的世界一隅，兩年之間，我賣力拯救的千千萬萬英畝林地，天殺的每一英畝古森林，他媽的每一英畝古森林，美麗的、蓬勃的、懾人的、優雅的、聰明的、活生生的每一英畝古森林，通通被砍得一乾二淨！我沒勇氣再回到許多那種地方，我沒辦法目睹它們遭受摧殘的模樣。我倒是去看了其他幾個地方，走過那些不久之前還是林木翁鬱的荒瘠地表。我不希望再重複這種經驗，但不用說，這是所有熱愛野地，反對森林砍伐的人都有過的經驗。

這是我們政治體制的運作方式。你自己挑個一樣的例子吧，例子多得數不完。這個體制必須去除，道理在此。

權力體系操弄的騙局

從一方面看，搶救森林的騙局實在低劣不堪。連笨蛋都想得出，如果任何砍伐真的是為了改善森林健康有其必要——這裡所謂的健康已經由於砍伐而受損——也絕對沒有理由讓這種砍伐免於環保法律規範。從另一方面看，這

個騙局相當高明，因為行騙的人知道民眾確實擔心森林不健康，於是他們把這個民眾所害怕的結果反轉成伐木的事因。這是宣傳作業的慣技，你不會憑空講道理，因為那樣一來，你的謊言就沒力了；你要借力使力，把已經存在的力量，管它來自害怕也罷，企盼也罷，憤怒也罷，什麼都可以，把它導向你自己的目標，導向你的「優先方案」。於是，納粹黨利用一個敗戰受辱民族的真實憤怒，以及同一民族面對經濟混亂時產生的懼怕，把這些力量導向他們自己的毀滅性目標。美國軍事產業複合體的成員利用人們對安全的真實企盼，製造出一個軍事機器，以便達成「全方位優勢」——這是軍方本身在《2020年聯合展望》（Joint Vision 2020）中的目的陳述。藉著「森林健康」的騙局以及後續的「搶救條款」，林木業政治複合體的成員把我們在反對森林砍伐的行動中所形成的力量，轉過來衝向我們，或者應該說，衝向森林。

森林火災是正常現象

現在，他們又拿森林火災來搞騙局；跟先前以森林健康做藉口的情況一樣，這回他們也是設法加劇民眾的害怕，利用不完整的事實，還常常說出明顯的謊言，藉此把一些非常真實的憂慮變為達成其破壞性目標的力量。起火是森林生態的正常現象，特別是對美國乾旱西部的許多森林而言。事實上，許多物種是倚賴林火而生存的。譬如，柱松的松毬不耐陰，林冠必須有孔隙，如林火所造成者，

這樣松毬種子才能長出新樹。因此，柱松的松毬由樹脂緊緊封住，而這層樹脂只有火才能融化，種子則必須在落葉層被火燒掉而裸露的土壤才能發芽。三趾啄木鳥（亦稱黑背啄木鳥）羽毛顏色在燒焦的樹幹上可以達到偽裝作用，牠們在沒有林火的地區生存相當不易，但卻成群結隊飛到火燒過的地區啄食焦黑樹幹裡的蟲子。

林火是森林自行再生的途徑。在乾旱森林裡，分解養分的主要媒介是火，不是細菌或真菌。如果沒有林火，這些森林的枯枝落葉不會裂解或腐敗，只是在林地上層層堆疊。林火將枯枝落葉燒成灰，然後這些養分經由風吹在空間上重新分佈，猶如鮭魚將養分從海洋帶進森林。林火把不同的東西混合在一起；林火是非常巨大的創生力量。

而且，林火通常並沒那麼危險。我知道，我們從小聽著小熊蘇莫基（Smokey the Bear）的故事長大：悲傷的蘇莫基緊緊抱著樹幹，他媽媽顯然被大火燒死了。穿綠色聚酯纖維褲子的仁慈人士解救（並囚禁）了他。可是，告訴我們這些故事的是誰？就是那些穿綠色聚酯纖維褲子的仁慈人士，林務署的人員。

他們會對我們說謊嗎？

嗯，會的。

森林「大」火的來由

大多數天然林火規模都很小，比 100 英畝小得多，如果把較大的林火計算在內，平均也只有 240 英畝左右，而

且這種林火燒得不快，溫度不會很高。天然林火不會竄燒到大樹頂端，只會燒掉下面較小的樹。這種小火時時地地都會發生：奧勒岡州的藍山山脈（Blue Mountains）就是因為許許多多小野火造成煙霧瀰漫而得名。在其自然循環週期中，大多數西部森林每三到二十年會燒一次，較潮濕的森林週期較長。換句話說，乾燥森林的大樹一生大概會經歷五十或一百次林火。

這些小火並非十分危險。因為火只在一小塊一小塊林地燃燒，動物可以輕易移往不會受波及的低濕地，直到火熄滅；或者，牠們可以爬到樹上等母親回來，期盼母親會比那些穿綠色聚酯纖維褲子的混蛋先抵達。火勢延燒速度不快，通常每小時只向前推進兩三哩，因此大型哺乳類動物可以在火的前頭慢慢走，鳥可以飛走。（順便一提，大多數鳥類在每年前幾個月哺育下一代，因此當火災季節來臨時，幼鳥已經會飛，這夠酷了吧？）甚至小動物碰上林火也相當安全：哺乳類可以逃入牠們的地洞，昆蟲只要鑽進土壤，離開地面幾吋，土壤的溫度就維持得相當穩定。

隨著榨取性林業的來到，森林火災的性質和危險程度改變了。1871 年 10 月 8 日，威斯康辛州佩希提哥（Peshtigo）——僅僅二十年之前，該地區還是一片 20 萬平方哩完整原生林的一部分，後者分布在威斯康辛、密西根、明尼蘇達三州的大部分。但是，為了開闢農地，樹木被砍去當建材，以及鐵軌枕木。火苗從伐木殘材堆竄出，延燒到砍伐過的林地，燒掉 125 萬英畝松樹，造成 1,500

人死亡。1894 年在明尼蘇達州辛克里（Hinkley），1904 年在密西根州梅茲（Metz），1918 年在明尼蘇達州克羅奇（Cloquet），這些大火都是在榨取性林業進入之後發生，也是肇因於榨取性林業。

榨取性林業往西部擴展，災難性大火也隨著跟進。1902 年由伐木工和居民引起的亞寇特大火（Yacoult Fire），實際上是一連串 110 場火災，在華盛頓和奧勒岡境內燒了 100 萬英畝。接著是 1910 年的愛達荷州華理斯大火（Wallace Fire），這場大火有時也被稱為「大爆炸」（The Big Blowup）。一如往常，伐木的後果造成許多殘材堆、許多因伐木致死的樹木，許許多多密生而又同齡的脆弱「狗毛」（dog-hair）幼樹，使得災難性大火難以避免。

到了當年 7 月，愛達荷州北部森林共有 3,000 個火場，其中許多火源是來自殘材堆。根據地區林務官的說法，8 月 20 日那天「天崩地裂」：颶風級的熱風從西南方吹來，風力強得把騎馬者從馬鞍上吹落，也把各地小火串成大片火海，結果燒掉 300 萬英畝白松。當地報紙標題如下：「華理斯大火損失百萬，聖喬河林區 50 人喪命，180 人失蹤」；「紐波特附近五人證實死亡」；「恐慌逃難，2,000 人奔越火場」；「森林火災，142 人枉死，185 人失蹤，財產損失 2,000 萬」；「火災罹難人數 185」。

沒人在乎大火發生的原因

這些由伐木引起的森林火災造成如此浩劫，聯邦政府

因而決定直接處理問題根源，全面禁止工業性林業活動，對吧？嗯，不，不完全對。林務官員決定治標不治本，採取所謂的「上午十時救火政策」——每一場火必須在翌日早上十點鐘之前撲滅。吃牢飯的蘇莫基被徵召服役，為林務署的宣傳工作效勞，向美國人民推銷這項政策。

時至今日，這項政策的實際成果是一方面使得元氣已經受損的森林更加虛弱，另一方面造成同齡林分太密集的危險情況——這種林分是林務官員的偏愛，也是火災的好發之地。換句話說，工業性林業再加上一項錯誤的滅火政策，結果是災難隨時都可能發生。

不出所料，聯邦政府利用人們對大火的懼怕推動伐林，其策略是大幅提高砍伐量，並針對官員裁定為「減少火災燃源量所需」的任何林木標售案都免除環保法律規範，斷絕民眾參與。林務署和土地管理局已經收起原來的「森林健康所需」橡皮印章，改用「減少火災燃源量所需」印章。

等著看另一場大屠殺吧。毫無例外，被砍掉的都是有商業價值的老齡大樹，而不是較容易起火的狗毛樹；但是，這情況沒什麼警惕作用，無所謂。政府會計辦公室 1999 年一份報告指出，林務署管理員習於「(1) 著重生長高商業價值林木的地區，而非火災風險高的地區；或 (2) 在林木標售案中，納入太多具商業價值的大樹，超出為了減少燃源積聚量而必須砍伐的數目。」內政部和農業部 2000 年 9 月一份報告中的話也白說了，無所謂：「從森林砍除

可出售的大樹不會降低火災風險，反而可能提高此風險。」林務署火災專家楚魯岱爾（Denny Truedale）的話也是耳邊風，無所謂：「需要清除的大多是沒有市場的林木，其直徑頂多三、四吋，根本不能賣。」

科學研究，無所謂。邏輯論證，無所謂。民眾參與和民主程序，無所謂。正義，無所謂。森林，無所謂。生命，無所謂。

不公正的體制：當權者說了才算

商業性伐木作業砍掉抗火的大樹，留下易燃的針葉、樹枝、灌叢。此外，樹冠層被砍除之後，樹蔭減少，下層的東西也隨而變乾變熱。人工林遠比天然林易遭火災破壞，道路與火災也直接相關。再說，絕大多數的森林火災（88％）是由人類引起，這其中又近乎一半是蓄意縱火。已經有不少刻意點火燒林的案子，縱火者的目的就是為了從中牟利：或者是因而得到滅火的工作，或者因而讓林務署有藉口把燒死的樹木拿來標售，而且很可能就賣給縱火者本人。林務署自己的火災實驗中心發現，建築物會不會起火的主要決定因素在於房屋使用的建材，以及 200 呎之內有多少灌叢，而不是 200 哩之內的可出售林木。但是，儘管一次又一次研究證實了伐木會導致災難性大火，對那些正在砍除全球森林的當權者根本一點都無所謂。

我們這就告訴你什麼才有所謂。無論是假借增進森林健康的名目，假借減少火災燃源的名目，假借當權者聲稱

的任何名目，或是什麼名目都不必，只因當權者說了算數：
這樣伐，那樣伐，伐木都肥了大木材公司。並非碰巧，這
些公司最近行使「所享有的憲法第一修正案保障的言論自
由權利」，以超過 300 萬元的賄款──喔，說錯了，是競
選獻金──資助小布希的總統競選活動。

　　美國政治體制就是這樣運作的。美國政治體制就是因
此而必須革除。

不周全的環評法

　　解鈴仍需繫鈴人，人類的破壞森林仍須由人類自己恢復。這涉及政治（政府組織系統、法律、教育、社會、文化、習俗、道德）與經濟之間複雜的林業管理，與人類心中牢固不易破除的價值體系與經濟體系的長年運作。法律（我國有《森林法》）即使尚稱周全，但是執行上的偏差往往造成森林環境的加速惡化。作者對於環境評估報告和環境說明書未能正常運用，提出強烈責難。

　　台灣的環境評估法於 1999 年初生效，2003 年底又修正一次，但是因為在環境及環境破壞上對生物多樣性造成長遠影響，缺乏全面性與深入的了解，及生態環境資訊欠缺，環境評估的品質便不能提升。加上台灣的生態環境變化巨大且複雜，簡易與原則性的評估法，難以一體適用於全島各地，何況立法程序趕不上破壞的速度與環境造成的變遷問題。

第八章

為了種咖啡，
就把森林砍掉了

有更多產業也開始覬覦森林的廣大土地和資源，
跨國企業為了更便宜的農場和原料摧毀森林，
也帶來戰爭和衝突。

從過去到現在，我們為了森林而持續投入的戰役是永無止息
的正邪之戰一部分……因此我們必須守護這些樹，為這些樹效
力；有幸為這些確實美好而高貴之物奮鬥，我們應該永遠感到高
興。

約翰·繆爾（John Muir），1895 年 11 月 23 日

政商旋轉門

政府與產業如此密切合作的一部分原因在於兩者同屬
一套機器，追逐同樣的終極目標。他們的一個主要目標是
維持生產：把森林變成筷子、建材、報紙。用另一種方式
來說，他們的一個主要目標是把活的變成死的。

政府如此經常支持產業的另一原因是兩者之間存在著
「旋轉門」。從政或成為「公僕」之前，政客和官僚常常
是產業界的中堅份子。被趕下台之後，政客去了哪裡？又
回到私部門。這個旋轉門提供了複雜微妙的誘因，讓人熱
中於來日和當前的職涯機會、薪水、紅利以及其他利益。
難怪產業與政府中人會相信而且說出這種話：「對國家有
利者，即有利於通用汽車公司，對通用汽車公司有利者，
即有利於國家。」既然他們定義中的美國不是其土地或國
民，而是政府，那麼，他們的意思只是：對他們自己有利
者，即有利於他們自己。

就這樣，湯瑪斯（Lee Thomas）卸下美國環保署署長
職務之後不久，即加入喬治亞太平洋公司（Georgia-

Pacific），這是他在署長任內虛有其表監督過的公司之一。拉科修斯（William Ruckleshaus）也做過環保署署長，離職後他轉任威爾浩澤、布朗寧菲力斯工業（Browning-Ferris Industries）、康明斯引擎（Cummins Engine）、幣星（Coinstar）、孟山都（Monsanto）、諾思聰（Nordstrom）、首諾（Solutia）、Gargoyles 等公司的董事。

　　有時候，旋轉門轉都不必轉：前華盛頓州州長及美國駐關貿總協大使嘉得納（Booth Gardner）是威爾浩澤財富的繼承人，身價數億。華盛頓州選民於 1972 年通過一項創制案，規定公職人員必須申報財產，但負責單位卻免除了嘉得納的申報義務；華盛頓州公職財產公告委員會每年都免除他的義務，其委員是由州長任命，巧得很吧！賽門（Charles Simon）原先是全國造紙業空氣河水品質改善委員會這個掩護團體的首席研究員之一，後來，聯邦政府對造紙業違反污染法規的案件進行調查時，他擔任政府顧問。像馬克魯（James McClure）、戈頓（Slade Gorton）——傑克遜（Andrew Jackson）總統以來最殘害人類、最踩躪生態的美國政客之二——此等聯邦參議員卸下「公僕」職務之後，就加入專門為接受公帑補助、獲取公有地資源的木材礦業公司效命的律師事務所和遊說公司。

　　這個名單很長：除了那個在路易西安那太平洋公司（Louisiana-Pacific）被控從事有害美國人民及森林的壟斷行為時為之辯護的律師，還有誰更適於掌管林務署？雷根就任命了這樣一個人擔任林務署署長，此人即克羅爾

（John Crowell）。克羅爾一上任就訂下目標，預計到
2002 年時將國有林的木材產量提升至兩倍。這並未實現；
部分原因在於，縱使市場能夠吸納那麼多木材，也根本沒
那麼多樹可以砍了。不過，砍伐量確實增加了，以致到了
1988 年，美國首度成為木製品出超國，美國人民則以數
十億數百億稅款做補貼，讓林務署去摧毀公有林。

旋轉是非，上下交相賊之門

　　雷伊（Mark Rey）是在旋轉門進進出出的一個較晚近
的例子。1970 年代中期，他在土地管理局任職；1970 年
代晚期及 1980 年代，他受聘於美國紙品學會、全國森林
產品同業公會，以及美國森林研究聯盟——這是一個由業
者設立，鼓吹「善用資源」的掩護團體。到了 1990 年代
早期，他是美國森林暨造紙協會的副主席之一。

　　接著，雷伊回到政府部門，擔任聯邦參議院能源暨自
然資源委員會的幕僚。雷伊擬訂了惡名昭彰的 1995 年那
項搶救伐木條款，且在他「離開」產業界轉任「公僕」之
後馬上就擬妥。他也參與制訂 1998 年的赫格爾—范士丹
昆西圖書館法案，以及 2000 年的安全鄉村學校暨社區自
決法案；前者藉「森林健康」之名允許砍伐林木，後者藉
挹注學校經費及促進社區經濟穩定之名允許砍伐林木。他
還幫參議員克雷格（Larry Craig）草擬國家森林管理法修
正案；該項修正案將撤消公民監督委員會及其他環保措
施。值得注意的是，這個修正案的許多建議是逐字逐句照

抄美國森林暨造紙協會的繼任者說辭。

2000年10月，雷伊在柏克萊加州大學一場演講中說：「我們的公有土地現在受到嚴格的法律保護，像是瀕危物種法，而這些法律由強大的聯邦單位執行著。目前並無任何緊急狀況，行政機關無須這樣單方面行使公權力。」

雷伊相信（或至少如此說過）皆伐「符合雨林生態」，其後果跟暴風「大致一樣」，並且，皆伐為動物清除森林中密生的部分，因此有益野生動物。他說，魚類暨野生動物管理署1991年的保護西點林鴞提議是「愚蠢的方案，把貓頭鷹的利益擺在千千萬萬靠伐木為生的家庭和社區利益之上。」（當然，儘管自動化造成的失業遠比環保措施多，他可不認為自動化是「愚蠢的方案，把公司利益擺在千千萬萬靠伐木為生的家庭和社區利益之上。」）他還表示，林務署的預算只需足夠執行「監護性管理」即可。

這種反環保反政府言論讓雷伊得到的報償是，小布希總統任命他為主管自然資源及環境的農業部次長，其職權包括監管林務署及國家森林。他權位在握，關係良好，得以繼續影響美國的森林管理政策。「雷伊有辦法左右林木方面的問題，因為他跟聯邦機關、媒體、工會、木材業的關係都打理得很好。」民主黨也同意雷伊的任命案；該案先經參議院農業、營養暨林業委員會無異議通過，接著由全體院會通過。

非但政府與產業之間有旋轉門，產業與大型環保社團之間也有。黑爾（Jay Hair）離開全國野生動物聯盟主席

兼執行長這等輕鬆而高薪的職位，成為李溪木材公司的公關打手，這家公司破壞環境的行徑惡劣至極，以致一位共和黨國會議員都稱之為「木材業的達斯維達（Darth Vader譯按，《星際大戰》中的大魔頭）」。全國野生動物聯盟竟然也有執行長，可見這團體跟營利公司已經沒什麼差別。寇迪（Linda Coady）原先是威爾浩澤的高級主管，後來成為世界野生動物基金會太平洋區分會副主席。企業公司也直接資助這些大型組織，無怪乎像奧杜邦學會、山岳協會（該會威脅要開除反對布希總統入侵伊拉克的會員）、環境保衛基金會、野生動物基金會、自然資源保護理事會等大型「環保」社團對募款何其熱衷，卻不想違逆經濟強勢者；無怪乎他們看守荷包的興趣大於看守森林；無怪乎他們老是阻礙真正的草根團體，讓他們在保護家園的行動上受挫。對通用汽車公司有利者，即有利於美國，即有利於企業經營式的環保團體。

未被起訴的共謀

當然，並非共和黨員才會濫用職權；在我們的體制裡幹起舞弊的勾當，兩黨誰也不輸誰。我們前面提過林務署的林木盜伐調查組，或許可以進一步探討——如果你還記得，林木盜伐調查組（直到 1995 年被裁撤之前）揭露「林務署高級官員於下列事項中有串通勾結之情：(1) 事後批准違法林木砍伐；(2) 事後提出「新算法」，令業者免於支付先前所砍林木的數十萬價款；(3) 向被列案調查的公

司人員做實質上的通風報信，並廣泛散佈辦案機密。」

　　林木盜伐調查組「發現數名地區林務管理員與木材業者間有勾結之情事，導致數百萬板呎的國家森林林木遭到盜伐」；林務署也承認，在國家森林砍伐的樹木之中，有高達 10％屬於竊取，造成納稅人每年損失高達一億元。盜伐公有林木何其猖獗，且又備受縱容，最起碼未遭阻止，以致於有些人已經把林務署視為每一件林木弊案背後「未被起訴的共謀」。我們認為 10％的盜伐率是低估。

　　林木盜伐調查組偵訊的證人指稱，在東加斯（Tongass）國家森林的某些林木標售案中，有高達三分之一的樹木屬於違法砍伐。「數百萬板呎的極品木材被不實評列為無價值的雜木材；許多高價值樹種的原木被暗藏在較低價值的原木底下，矇混過關；數十個木筏在抵達檢尺站之前即被轉向他處；材積記錄付闕或不完整，有時候一次標售案中高達一半的原木未加計數。」

　　再者，他們還將東加斯的原木違法輸出，木筏經常被引到美國原住民自治轄區內的港口，該處不在林務署有效管控之下。到了夜間，他們再偷偷把這些原木運往日本、韓國、台灣等外國市場。這些竊賊行徑囂張，林務署的監管措施形同虛設，以致於未經裁鋸的原木都常常在光天化日之下從當地主要港口松恩灣（Thorne Bay）違法運出。

　　但是，如前所述，到了 1995 年，正當調查人員鎖定威爾浩澤和其他公司時，林木盜伐調查組卻突然遭裁撤。在此必須一提的是，1995 年的裁撤案一直被擱置著，但

一等到國會完成格里克曼（Dan Glickman）的農業部長任命聽證會即立刻執行：這又是政客故意等到連任成功後再宣佈壞消息之例，而所圖的目的也相同。據公開說法，這突如其來的決定是為了藉機把區域性的調查單位擴充為真正全國性的任務編組。但，這又是另一個化妝邊林緣：時至今日，他們沒培訓半個偵查公司盜伐林木案件的幹員，而起訴案所涉及的平均金額已降到 1,500 元，只等於一些被竊之薪材和聖誕樹的價款。

獲取最高投資報酬率的捷徑

在我們的文化裡，金錢至上；僅可能的例外是這金錢所代表的，而且欲使金錢滾滾而來不可或缺的權力。一批人在政府、產業、大型環保團體之間此來彼往，私利把他們結合在一起，他們進進出出的旋轉門由金錢潤滑其運作。

美國森林暨造紙協會的成員包括木材造紙公司，和以促成「有助於維持全球競爭力之政策與經濟環境」為宗旨的數個同業公會，從 1991 年到 1997 年 6 月，該協會及其公司會員對聯邦級政客捐出了 800 萬元合法政治獻金。捐獻最多者包括各捐出 100 萬元的國際紙業公司和喬治亞太平洋公司，以及各捐出 60 萬元的史東容器公司（Stone Container）和維實偉克公司（Westvaco）。協會成員得到的回報是在同一期間以超過一億元的折扣取得國有林木。林務署由稅額扣除之「築路補償款」方案，主要受惠者包

括山岳太平洋公司（2,000 萬元）、博伊西加斯凱德公司
（Boise Cascade，1,890 萬元）、威廉梅特工業公司
（Williamette Industries，880 萬元）、威爾浩澤公司（750
萬元）、史東容器公司（530 萬元）、李溪公司（460 萬
元）、波特拉奇公司（Potlatch，420 萬元）。很明顯，收
買政客乃是任何公司獲致最高投資報酬率的途徑。

全球化的寄生怪獸

這些人事交結的關係和不法利益交換推動了美國林務
政策，並導致森林遭受砍伐。它不僅存在於國家之內，也
在國與國之間；這正是國際木材和紙品貿易的基礎。工業
體系無論屬於社會主義或資本主義，都需要廉價乖順的勞
工、穩定的原料供應，以及持續擴張而且來者不拒的消費
市場。這是個寄生性的東西，必須不斷從自然界吸取滋
補，必須攫獲越來越多的消費者。由此觀之，「全球化」
就是這個寄生、貨幣化、商品驅動、不公正、單作式的社
經體制從帝國中心向邊陲擴展的過程。

全球森林砍除的事例甚多，其中之一涉及日本和東南
亞的森林。過去兩個世代以來，東南亞森林砍除的一些主
要推動者是日本商社（株式會社）。這些商社中規模最大
的是三菱、三井、伊藤忠、住友、丸紅、岩井，但此外還
有許多家。商社是由供應商、服務商、客戶構成的龐大網
絡（伊藤忠有八百家子公司和聯營公司），其總體營業額
佔了日本進口量的 44％，出口量的 30％，國內生產毛額

的 25%。商社提供融資、市場訊息、科技、專業知識，安排生產、運輸、供應各方面的契約。以製材造紙而言，一家商社可能會給予伐木業者、運輸業者、出口商、合板製造廠、批發及零售商、營造廠客戶融資，並促成這些廠商之間的合約。日本商社不以最大利潤為目標，有異於傳統的西方公司。他們採取薄利多銷的策略。他們不以小利而不取，並且透過轉撥計價及其他手法避稅。

這造成的結果是市場上充斥著低價木漿、紙品、木材、合板。這些商社橫掃東南亞，一路吞噬熱帶雨林：1950 及 1960 年代來到菲律賓，1970 及 1980 年代來到馬來西亞和印尼，然後來到巴布亞新幾內亞和所羅門群島。

舉債與「外援」：寄生怪獸如何掠奪亞洲

我們在前面討論美國林木業時，曾提到主從利益勾結的情況，日本商社對熱帶森林的摧殘即受到各國當地此類主從關係運作的推波助瀾。像印尼總統蘇哈托這種恩主提供安全、國家資源、許可權，而在林木採伐權給予了他在政治、官僚、軍事、商業方面的扈從；後者則以政治支持、金錢資助、正當性與穩定回報蘇哈托及其同盟。蘇哈托的扈從之一鄭建盛（Bob Hasan）壟斷了印尼的合板業；蘇哈托的兩名省長，泰益馬哈茂德（Taib Mahmud）和拉曼亞庫布（Rahman Yaakub），控制了將近 100 萬英畝土地，為砂勞越森林面積的三分之一。受到蘇哈托庇護而致富的扈從包括幾家全球最大木漿造紙廠的所有人，而這些工廠

為了供應日本和美國消費者廉價影印紙，已經摧毀了數百萬英畝的印尼雨林。

摧毀亞洲熱帶森林的伐木作業和合板紙品工廠之中，有許多是向日本銀行及政府單位貸款。借貸國只能以伐木稅收清償債務，但木材公司所訂的價格偏低，普遍舞弊又讓伐木業者和購買者得以逃漏林木稅費，因此必須砍伐越來越多的森林才能如期還債。這些國家為了擴大採伐規模，又得再舉債。日本是全世界提供「外援」最多的國家，所有區域開發銀行加起來也瞠乎其後。日本的「環保」援助實際上也是貸款，用於清查剩下的森林以便砍伐，以及「重新種植」松樹和桉樹人工林，進一步生產纖維。

由於主從雙方權力並不對等，他們之間的關係必然不穩定。暗地裡，這些人難免會惶恐猜疑，害怕舞弊事跡敗露，擔心失寵喪勢。而權勢階層的奢華生活與百姓大眾的貧困艱苦兩相對照，也會激起民憤；果不其然，蘇哈托一幫人被推翻了。不幸的是，儘管蘇哈托下台，強取豪奪與森林砍伐並未消弭。到這時候，印尼政府已經積欠各銀行以及世界銀行、亞洲開發銀行等國際金融機構相當龐大的債款，這些貸款大部份用於為跨國公司進行基礎建設，讓它們得以伐木採礦；簡單說，就是取走印尼的資源。結果印尼非但債台高築，其土地還落得滿目瘡痍，樹木和鈔票都外流而去；這是世界到處可見的景況。處於帝國中心的支配者利用債權逼使對方再進一步砍伐森林：如果你們現金短絀，我們可以寬宏大量讓你們用樹木代償。我們可要

順便問一問，你們為什麼花那麼多錢在學校、醫院、環境復原上頭？這是他們常用的欺詐手法，直截了當地說，就是放高利貸。獨裁者蘇哈托倒台了，但國際金融機構的獨裁行徑繼續從窮人手中奪取資源。

類似的體制結構和運作方式也見諸非洲；在當地，英國、法國、比利時等昔日殖民強權還繼續榨取吸乾前殖民地的森林資源，而這些國家進口的熱帶林木有一半或更多來自違法砍伐的地區。

寄生怪獸掠奪巴西

同樣情況發生於今天的巴西。如你所知，巴西是被歐洲人征服的。許多森林居民死於謀殺、疾病、強迫勞動，存活者被迫轉作農耕，他們的土地被掠奪，至今掠奪之行依然存在。不到 1％的土地所有人控制了 43％土地，6％的所有人控制了 80％農地。農地之中有 6,800 萬英畝處於休耕，擁有這些土地只是為了投機炒作；譬如馬德瑞拉馬納沙公司〔Madeireira Manasa〕在 150 萬英畝土地上只雇用了 68 人，而跨國公司擁有 1,450 萬英畝巴西土地。這發生在一個 8,600 萬人（佔其人口三分之二）營養不良的國家；發生在世界第二大農產商品輸出國（而它生產的大豆輸往歐洲養牛，咖啡供應美國人，蔗糖跟著咖啡而去）。

這一切跟森林砍伐有何關係？前二十大地主擁有 800 萬英畝土地；他們是國會議員、部長、軍隊將領。儘管不到 10％的亞馬遜流域土壤能夠種植一年生糧食作物，這

些大人物控制的巴西政府卻強迫許許多多沒有土地的窮人，遷移到剛砍伐過的亞馬遜雨林。以下是整個過程的運作方式：掌權者下令砍除森林，採取木材、原油和礦物。然後，浮躁不安的違章建築住戶從過度擁擠的都市移出，收成微薄的農民破壞了土壤，未開拓的林地不斷縮減。這些人口遷移方案的融資來自世界銀行和國際貨幣基金會，以及北美和歐洲的木材、石油、礦物公司。在這些公司負責人以及制訂這些政策的人眼中，森林和其中的棲居者只是自然資源、原料、商品，是為了金錢可以殺之取之的東西。

巴西曾在1960年代規劃了重新分配土地的改革方案，後來發生一場美國支持的政變，該方案也就胎死腹中。一個世代之後，1985年政權轉移到文職人員時，鄉村地區對窮人的暴力事件又再度增加，其用意可能在於警告那些以為會有一絲社會福祉與自由希望的人。當時巴西的最大地主是農業部長。部長、州長、市長、法官都參與籌措資金，支助恐怖謀殺的行動。天主教神父開始宣揚解放神學時，有些地主改信新教，有些神父被謀殺。梵諦岡譴責解放神學的言論，要求解放神學的支持者封口。依照規劃，亞馬遜橫貫公路和朗多尼亞（Rondonia）公路（由世界銀行及美洲開發銀行融資興建）將促成一百萬以上的巴西人遷居內地，事實上，這兩條公路卻摧毀了數百萬英畝的森林，移居者後來也因為改用機械種植大豆和其他經濟作物而喪失工作。千千萬萬人挨餓，千千萬萬人因為佔用閒地

或組織工會而被殺。

掠奪瓜地馬拉

世界各地的國家、民族、森林都遭遇過類似的境況。就拿瓜地馬拉來說——說到「拿」，跨國公司可真的拿走了這個國家。正如科切斯特（Marcus Colchester）和洛曼（Larry Lohman）在《土地之爭與森林命運》（The Struggle for Land and the Fate of the Forests）中所說，「（瓜地馬拉）印第安人遭受兇殘鎮壓……這與政經中心所強加的出口導向經濟體系脫離不了關係。印第安人盡一切可能方式抵抗被迫納入市場經濟，其抵抗規模尚未獲得充分的認識。由下可看出抵抗之深遠：自從 1524 年瓜地馬拉被征服一直到今天，平均每十六年便發生一次印第安人反叛行動。」

當權者以武力鎮壓這些反叛，過去如此，現在依然如此。每當瓜地馬拉的森林居民想要保有對自己生命及土地的控制，或最起碼保有自己勞動的成果，他們就得面對暴徒、砲艇、政變，或者甚而更致命的，身穿體面服裝、手握法律大權的銀行家。在瓜地馬拉以及其他地方，想要把原住民驅離土地，把他們變成勞動力資源的一部分，那可多的是辦法。這些手段包括下列種種：通常是強制性的公地私有化；藉由稅制逼使人們脫離自給自足、以物易物的經濟，投入貨幣經濟，也就是工資經濟——如果你只為自己一家人種植糧食，外加足夠的剩餘可跟鄰人交換，那你

拿什麼繳稅？──訂定遊民法，迫使人們繳付租金，也藉此迫使人們就業；以種族身分限定土地所有權的條件。這些辦法不但讓有錢人穩穩掌握了資源，也讓他們得以從無土地的農民身上取得廉價勞動力。事實上，瓜地馬拉的印第安人向來是隨著地主的大莊園一起出售的。

瓜地馬拉政府被迫陷入困境；其實，所有第三世界政府都是如此。回顧瓜地馬拉跟聯合水果（United Fruit）這家美國跨國公司打交道的經驗，便可明白殖民地的人民和政府如何被擺佈得乖順服貼。聯合水果於 1899 年進入瓜地馬拉，到了 1930 年，該公司已是最大的地主及最大的雇主。1931 年，在它的催促下，瓜國政府決定把傳統上公有的土地分割成私有地，包括聯合水果想要開發的那些屬於印第安人的土地。1954 年，政府準備將聯合水果名下 38 萬 7 千英畝土地國有化──荒唐得很，政府將依聯合水果報稅時聲稱的土地價格給予全額補償──結果該政府就被一場美國支持的政變推翻了，進而導致往後三十年血腥獨裁統治，以及至少五十萬瓜地馬拉印第安人被殺。

瓜地馬拉人竟不如一隻寵物貓

1960 年，瓜地馬拉四分之三的面積為森林。往後十年間，由於原油輸出所得及國際貸款，牧牛場面積擴增（儘管國內牛肉消費量減少了 50%：一隻美國家貓平均吃掉的牛肉多於一個瓜地馬拉人）。農產企業、石油探採、鎳礦開採、水力發電設施將森林邊界往後推。屠殺印第安

人之後，接下來是種種殖民措施，把更多土地轉移到中上階級和策動屠殺的軍事將領手中。如今，2％的農場就佔有全國土地的三分之二。這些土地大多閒置，因此廉價勞工也不虞缺乏。88％的農場面積小得無法養活一家之口。沒有固定工作的無土地勞工高達三十萬人。

到了 1990 年，瓜國大約四分之一面積為森林，而原野森林大概只剩下 2％。以下是一些細節：佩登（Peten）森林原先涵蓋了瓜地馬拉西北部三分之一的面積，在 1964 到 1984 年之間，佩登森林遭砍除三分之一，人口從二萬七千人增加到二十萬，自然資源則落入軍方手中。

86％的瓜地馬拉人生活水平低於官方認定的貧窮線，半數瓜地馬拉兒童呈現成長遲緩症狀，嬰兒夭折率為千分之八十；今日基本生活水平還低於三百五十年前的殖民時代。

當權者有何回應？他們一再說，增加砍伐量可以解決伐木所導致的森林健康及火災問題，同樣地世界銀行和美洲開發銀行也認為債務、森林砍除、資源輸出反而有利於瓜地馬拉人。大筆資金投入農產工場，這些其實已不是農場，而是生產外銷花椰菜、豌豆、甜瓜、漿果、花卉的工廠。這些作物需要大量灌溉水和石化產品，也需要大量土壤：一般而言，一英畝砍除樹木而後集約耕作的土地每年會喪失 5 到 35 噸表土。老百姓挨餓；森林和老百姓死亡。

森林苦，百姓也苦

柬埔寨的情況也是一樣。三十年的戰爭，十年的聯合國外援禁令，赤色高棉的恐怖統治，這些都讓森林遭殃。為了籌措軍費，爭戰的每一方都盜伐林木，大部份木材則經由泰國和越南走私出境。無論誰在戰場上取得一時勝利，森林永遠是輸家。

柬埔寨的森林覆蓋率從 70％降到 30％，原有的未砍伐森林目前可能只剩 10％。1995 年，柬埔寨政府把尚存森林的採伐權售予三十家公司，卻對柬埔寨人民沒有什麼財政上的助益：1997 年，柬埔寨的年度預算為 4 億 1,900萬美元，砍伐林木的估計值為 1 億 8,500 萬美元，但其中卻只有 1,200 萬美元納入國庫。1998 年，砍伐量增加了，柬埔寨卻只拿到 500 萬美元。

政府和軍事將領為走私大開門路，這些木材到哪兒去了？大部分做成了歐洲的庭園家具，有些還標示係以來自「永續性採伐人工林」之原料做成的「不損環境木材產品」。出口商及商標名稱包括下列：ScanCom 和 Tropic Dane（丹麥）；Eurofar 和 Unisource（荷蘭）；Comi 和 De Bejarry（法國）；Cattie（比利時及法國）；Robert Dyas Ltd 和 Country Gardens Centre（英國）；Beechrow（澳洲）；Sloat Garden Centre（美國）。

世界自然基金會（Worldwide Fund for Nature）所屬的 95+ 集團（95+ Group 譯按，此集團承諾其木材原料來

源經過嚴格認證）成員包括 B&Q、Habitat、Great Mills 等商家，出售的產品有些標示為係以越南木材製作，但很可能用從柬埔寨走私的木材做成。2002 年 12 月，柬埔寨總理宣稱要驅逐全球見證（Global Witness）這個揭發森林砍除及人權侵害的組織，因為它「侵犯了我們的國家主權及政治權利，損害了我們的名譽。」真不幸，他對那些侵犯了國家主權及政治權利，損害了名譽的跨國木材公司可沒半句氣話。有些話還是不說為妙。

西伯利亞的情況也是一樣。蘇聯解體導致俄羅斯經濟崩潰，也引來全球各路投機客。像美國海外私人投資公司、美國及日本的進出口銀行這類銀行和「開發」機構提供了基礎建設融資和政治風險保險給一些公司，讓它們把美國製的伐木機具運到俄羅斯，把俄羅斯的原木輸出到日本、中國、韓國。目前，韓國和馬來西亞的企業集團掌握了極大範圍的俄羅斯寒帶森林採伐權，中國則從邊界走私俄羅斯原木。

全球各地，森林紛紛倒下。

森林管理者的責任

　　台灣自從 1991 年開始不再砍伐天然林之後，實質上從林地移出木材的標售作業已不存在。因為缺乏木材之買賣交易行為，官商舞弊之情事已降到最低，但是林務局人員不夠積極求好心態是有改善的空間。

　　林務官員把精神放在森林保安及遊樂的功能上，而此只是森林少數的功能，不足以完整利用森林服務人類社會的許多目的。務林與環境保護單位應更積極投入保育生態與保護環境。而目前之保林工作多為道路之維修，水土保持之工程，遊樂建設，這些工作構不成森林管理的完整內涵。

　　台灣的管理問題有許多有待改善之空間，例如行政制度的運作缺乏鼓勵與協助，林務人員不夠深入了解自己管轄的森林生物學、生態學、社會學、經濟學等，也還有沒有長遠與具體的辦法，重新定位台灣森林管理者所應負起的生物多樣性保育、社會與經濟穩定的責任。

第九章

全球化就是為了
生產創造消費

已開發國家過度消耗浪費已經資源枯竭，
便藉由各種跨國資金、開發合作，
和降低關稅等手法，
到低度開發國家和地區巧取豪奪森林資源。

我預見到一場即將發生的危機，這令我為國家的安全感到憂心忡忡……公司已經佔上最高的位置，接下來是權勢腐敗的時代，國內的金權為了延長其統治，將操弄人民的偏見，直到所有財富集中於極少數人之手，直到共和國被摧毀。

亞伯拉罕・林肯總統

消費菁英驅使的「全球化」

木材與紙品的全球貿易無法永續維持，正如人類或非人類動物的全球買賣也不能——後兩類買賣在全球經濟架構之下也都景氣熱絡。當我在報紙上讀到或在電視上聽到關於全球化的報導時，他們使用的字詞總是一下子就變成艱深的術語，變成了空洞的廢話：像是結構調整、關貿總協、美洲自由貿易區、北美自由貿易協定、世貿組織、國際貨幣基金會、自由貿易——如果真的自由，那他們為何制裁不願參加者，以殘暴警力鎮壓反對者的抗議行動？如果真的自由，那為何我們不能不參與？我聽著他們，沒多久就聽糊塗了。全球化、人類社群的貧弱、自然界的摧殘這三者關聯也被他們的話模糊了，回頭想想，這根本就是他們的用意吧！

所以，我們希望在此簡略描述一下全球化的機制和動力，特別是涉及世界各地森林持續遭受破壞的部分。

消費菁英亦即美國、歐洲、日本的中上階級，其他每個國家的上層階級也多少屬之，他們對奢侈品、商品、消

費品貪得無厭，其中包括木材和紙類製品。一個資源有限的星球上卻存在著無限的需求，我相信你看得出這當中的問題。

北方菁英的政府首長和企業人士透過貸款方案、賄賂收買、軍火交易和其他不道德、違法手段，迫使南方菁英乖乖就範，同意讓跨國公司進佔人民土地，允許或鼓勵這些公司為非作歹，包括砍伐日益縮減的森林，使用造成污染及浪費的不良生產方式，把森林變成無法存活的人工林。

依照北方當權者的盤算，如果一些小恩小惠還不足以誘使南方的菁英拱手獻出大量資源，那麼就在那些國家裡削價傾銷合板和紙品，藉此搞垮當地製造合板和紙品的廠商。如果這一招不能得逞，那還可以找上世貿組織的仲裁機構，假借一些虛構或微不足道的違反國際貿易規範的名目，對那些國家祭出經濟制裁的威脅。如果這仍然達不到目的，那還可以下令禁止從那些國家進口糧食；當然，砲艇也就在海平線之外隨時伺候著。……

殖民主義借屍還魂

這一切都只不過是殖民主義的老手法。我手邊的韋氏字典將殖民主義界定為「(1) 一個強權對一個有所依賴之地區或民族的控制；(2) 倡揚此種控制或以之為基礎的政策。」今天，世界上的有錢人仍然控制著「殖民地」──雖然沒幾個人會誠實或魯莽到使用這個名詞──這其來有

自，因為許多殖民體制在「獨立」之後根本毫無變動。公司取得土地、資源、市場，國家背負外債，任人宰割；稅制不公，權勢階層得利；操控商品價格，企圖逼死當地小廠商，而資源大量輸出。這些情況都跟五百年前一模一樣，改變的只是這些機制的名稱，以及當權者名字。在某些國家，貧窮的狀況比直接殖民統治時期還慘得多。目前尚存的森林也是殘缺碎裂。

聽聽下面這來自真實世界的聲音，聽聽被逐出家園的巴西農人達希瓦（Lazaro Correia da Silva）怎麼說：「現在我半生半死，活在世界邊緣。我失掉了土地，必須到牧場工作。我辛辛苦苦工作，他們卻不給錢。這裡的警察也不是好東西，我們去找他們投訴，想從牧場那邊拿到錢，他們就把我們關進牢裡。我不知道還有什麼路可走。」

你不能不知的「全球化」詐騙術語

全球化的財務、法律、政治結構和機制交織成一個複雜的網絡，由一批財務及技術專家替政經菁英操控著。這個網絡通常隱蔽了其底下的真實基礎：警察與軍事力量。我們可以為你引述教科書對這些結構和機制的定義，可是教科書大抵都是由上面所說的專家所寫，他們的定義常常掩蓋了下面這一實際情況：人們的共有財富被掠奪，轉變成失去真正價值的商品，再被攫取去為菁英份子製造奢侈品。這叫我們所有人大意不得，作者和讀者皆然。一方面，正如讀者若是稍微瞭解林火的生態學，就比較不會被木材

業及其支持者的謊言所矇蔽，同樣，讀者如果明白了全球化鼓吹者所用的術語，也就不易被這票人欺騙。另一方面，這些術語又刻意讓人迷糊，而且總是枯燥乏味，因此，我們只能以誠惶誠恐的態度試圖界定全球化過程最常使用的一些機制，以便大家能瞭解在真實世界裡，在真實的人身上，在真實的地景上，到底發生了什麼。

　　不過，在那麼做之前，我們希望再讓讀者聽聽另一則來自真實世界的聲音。馬來西亞砂勞越峇南（Baram）河域烏瑪巴望（Uma Bawang）長屋的一位加央（Kayan）族人這樣說：「每當想起我們那些被公司毀掉的土地，我就全身痛苦。現在，我們找不到木頭造船。看得到的就只有在河裡往下漂的木頭，地上都沒了。他們用推土機把我們的土地整個剷平，現在只剩下一片砂石。他們可以這樣做嗎？這是什麼道理？這是我的土地，我的果樹。他們卻叫警察把我抓去關。」

　　第一組術語涉及全球化的財務機制，包括下列這些令人費解的行話：債務票據；結構調整；外人直接投資；外援；多邊開發方案；破壞性技術轉移；天然林價值低估；非永續性作業之補貼；關稅、稅賦、融資結構；轉撥計價；價格操縱；資源清查、海關運作、國民經濟核算之操控；伐木稅收及立木價金劃歸一般政府財政收入運用，或用於菁英階層之消費，而非投入林務措施；以及造成政治及企業菁英階層獨享經濟利益之種種方法。

　　讓我們一項一項討論。

跨國資金的圖謀

債務票據與「開發」：企業公司和政府機構融資給「貧窮」國家。這些資金用於向「富裕」國家的公司購買機具設備和專業技術。「開發」方案偏重於某些基礎建設，目的只是為了貧窮國家之公共財富的榨取和輸出。窮人必須償還債務。他們自己的森林被砍除了，為了這他們卻必須還債；他們的土地被摧殘了，除了逆來順受，還得附帶繳交利息。

結構調整方案：你一定在報紙上讀過報導說某某國家正在進行「結構調整」，我有很長一段時間完全不明白那是什麼意思：是不是世界銀行和國際貨幣基金會派遣了幾架飛機，把脊骨神經治療師空降到有問題的都市？實際上是這樣：當上一段所提的債務償額變得無法應付時，世界銀行和國際貨幣基金會就出面重整（搞垮）貧窮國家的經濟；包括學校和醫院在內的公共服務設施被關閉或以低價售予民營公司，基本糧食和能源的價格被調高，越來越大比率的國內生產毛額用於償還不斷增加的債務。債台高築，只能以債養債。這可樂了當權者，因為這一來，貧窮國家的森林和原料更逃不了他們的掌控。譬如，1980 年代中期迦納的結構重整方案使林木產量從國內生產毛額的 3％提升到 8％，林木佔出口總額的比率增加到 14％，僅次於可可粉和黃金。

外人直接投資：投資是件好事，對吧？如果你是工商

業者，你會希望別人來投資你的事業，對吧？嗯，這可要看他們想從你這邊得到什麼。赫維茲「投資」太平洋木材公司，其結果如何，我們已經在本書前頭，也在加州的北美紅杉森林裡看到了。博伊西加斯凱德公司在墨西哥「投資」，自由港邁克墨倫公司在伊利安查雅「投資」，威爾浩澤在印尼「投資」等等，都有類似的結果。「外人直接投資」說得很好聽，實際上卻是（1）提供鉅額貸款讓借方向貸方公司購買貨物及服務；（2）併購貧窮國家的廠商，搜刮其資源。外人直接投資的結局是資源的掠取，社區的摧毀。

外援：什麼還比投資更好？當然，就是直接援助。你一定聽人家抱怨過，說是那些窮人多麼不知感恩，美國好心援助，他們卻以怨報德。不幸得很，「外援」這漂亮字眼的真實意涵是（1）提供貸款讓借方向富裕國家的公司購買貨物及服務（見上文）；（2）提供資金讓富裕國家的公司攻佔貧窮國家的市場。譬如，當美國向俄羅斯提供外援時，明訂金額的一部分必須用於購買例如美國生產的凱特彼勒（Caterpillar）曳引機。換句話說，美國政府拿錢給凱特彼勒公司，俄羅斯再連本帶利償還美國政府。

多邊開發方案：所謂多邊，也可以說就是「糾眾要脅」。如果富裕國家認為某個國家擁有太多未開發資源，施行太多公共服務，那麼幾個富國就聯合起來提供貸款，這便是多邊開發方案。通常，方案的執行單位是世界銀行（美國為其主要融資者）這種國際機構，或是亞洲開發銀

行（日本為其主要融資者）這種區域機構。

　　技術轉移：當菁英份子談到破壞性技術的轉移時，他們常常省略破壞性三個字，只稱之為技術轉移，彷彿他們是在免費贈送什麼有價值的東西。實際上，非工業化國家經常接收，更常是以高價租貸機械化築路、伐木、製材機具，以便加速採伐偏遠森林。

跨國操弄在地環境資源的技倆

　　天然林價值低估：在此，成本被無知地（或更可能是刻意地）外部化——讓別人來支付。這些成本將由日後森林生產力、非人類物種、森林居民、未來世代承擔。自然世界的價值低估，以及盡可能將成本外部化這兩項做法是我們經濟體制的核心；不那樣做，榨取性經濟的「利潤」便不可能實現。

　　非永續性作業之補貼：當然，若無鉅額補貼，這個經濟立刻就會崩潰。以下只是那些摧毀森林的公司所得到眾多補貼的數個例子：以公帑往森林裡修築集運材道；使用公家維修的運輸及港口設施輸出木材和紙類製品；耗用好幾座森林的大型木漿和造紙廠可享稅賦減免；使用政府稅收進行破壞後之林地復原；雇主砍完樹就走人，留下的被解雇勞工需要失業給付和就業訓練，這些全由公帑支應。

　　關稅、稅賦、融資結構：索取超高利息，要求借方以自然資源償債，或是要求債務國取消支撐本國產業和資源以抵擋外來競爭的關稅及其他稅賦，這些是異曲同工的三

種手法，其目標皆在於詐騙窮人。

轉撥計價：這個名詞真夠花稍，說穿了，它所指的就是司空見慣的技倆：低報交易（通常在聯營公司之間）價額，藉此避稅及抬高貨品價格。

價格操縱：「互相競爭」的公司有時候協議將價格訂得過高，剝消費者的皮；或訂得過低，割供應商的肉。在美國的政治和工商圈子裡，這通常叫作競爭。

資源清查之操控是那些打定主意要從貧窮國家攫取資源者所使用的一項重要工具。外國公司透過收買或威脅取得林地的全盤監控，因而掌握的情報包括還有多少林木尚未砍伐、砍伐的速度可多快。到這地步，不用奢想，那些公司主管不會針對這些森林或任何其他東西，以及它們被摧毀的速度講什麼實話。更糟的是，外國的「援助」貸款被用於清查林木存量，用於採伐林木；換言之，和向來的情況一樣，窮國必須付款兩次來砍除自己土地上的森林。

海關運作及國民經濟核算：這也是貧窮國家常常被富裕國家所控制的，以便富裕國家取得他們的收入，作為還債款項。這種侵犯主權之舉乃是家常便飯——主權，那是什麼東西？再者，世界銀行和國際貨幣基金會要求債務國調整其國民經濟及政府支出，將償還債務擺在社會服務、環境保護、投資之先；事實上，償還債務比任何事情都優先。假定伊拉克想要操控美國的預算編列吧，美國人民鐵定會揭竿而起，因為通常只有跨國公司有權決定美國的預算。

全球化的定義：劫貧濟富

當權者控制資源的另一方式是說服當地菁英將**資源稅收及價金劃歸一般政府財政收入運用**，或用於菁英階層之消費，而非用於重新造林。當然，這意味沒有資金會投入長期性林業規畫案，而這對當權者可沒什麼關係。反正，當一國的森林全都消失之時，他們已經準備好到另一個國家去砍除森林了。

為了讓政治權貴及企業菁英階層獨享經濟利益，所使用的種種方法包括（1）允許政府官員侵吞外援資金，有時候甚至將這些錢直接匯入獨裁者的瑞士銀行帳戶（請注意，這些錢還是必須由該國的納稅人償還）；（2）對進口的基本糧食及能源課徵關稅（關稅只不過是稅捐的花稍說法），而對菁英階層享用的奢侈物品提供補貼；（3）出售軍火給予貧窮國家，並訓練其警察及軍隊，以便在該國的資源被掠奪時維持治安。最後這一招可真屢見不鮮。埃克森石油公司資助印尼軍隊，殼牌石油公司資助奈及利亞軍隊，英國石油公司和美國政府資助哥倫比亞軍隊；而這些國家的軍隊則保護輸油管，鎮壓抗議行動以作為回報。

以上是全球經濟架構中，富人用來向窮人竊奪的一些財務機制。

要是有人反對破壞森林之舉，後果如下：拉烏爾‧薩帕托斯（Raul Zapatos）是菲律賓人，他是環境暨自然資

源部一個特勤小組的領導，因此身負制止林木盜伐之責。雖然環境暨自然資源部不外是個腐敗的機關，拉烏爾本人卻清廉盡職。1989 年，他兩度攔截了一輛載滿盜伐林木的卡車，第二次他拒絕放行，儘管使用這輛卡車的人是他視為朋友的市長。1990 年 1 月 14 日，拉烏爾在特勤小組總部睡覺時，市長、其護衛、警察用來福槍和手榴彈對他攻擊，拉烏爾以 M16 步槍還火，造成市長死亡、護衛受傷。為此，他因謀殺及企圖謀殺罪被判無期徒刑。

土地改革與財產法

接下來，我們要描述一些維持不公平所有權及勞動關係的法律機制，包括土地「改革」方案和財產法這種「可接受的」機制，這些也包括合法及違法的壟斷租金、避稅手法、價格操縱及賄賂。

我們已經提過幾種「改革」方式，像是居民遷搬、殖民拓荒等等。談到土地政策方案可不能忘記，當政府答應給予某人新土地時，它必須先從其他人手中拿走這土地。你知道這「其他人」不會是有錢人，也不會是外國公司，也不會是領袖的朋友，最可能的就是原住民。說穿了吧，土地改革幾乎總是幌子罷了，最後取得土地的不是原先應許的窮人，而是與當權者平起平坐的菁英份子。

財產法：這是最隱而不見的機制之一，譬如土地私有制。土地私有是相當奇怪的概念：如果我沒有土地，那麼，除非我付錢給某人，否則我便沒有權利在這個地球上睡

覺；僅僅為了生存，我就需要付租金。歐洲的財產法觀念已經擴及全球，通常，這是透過武力達成的。那些不認同這些觀念的人被剝奪了土地，起來反抗的人必遭殺身之禍——他們認為土地是活的，是共有的，絕對不能買賣，必須為了包括土地本身在內的整體社群之福利而使用（如果有可能「使用」的話）。

一旦歐洲的財產私有權觀念成為準則，順理成章，租金的觀念就成立了，更進一步，壟斷租金的觀念也成立了：當一個人或公司獨自掌控某項獨特的東西時，就會導致壟斷租金的情況。這種獨特東西可能是房屋，但也可能是森林的取得、水源的取得、醫藥的取得和食物的取得。所有這些資源，以及幾乎所有其他生活必需品，都越來越落入大公司的掌控之中。如果某樣獨特東西是生活必需品，壟斷租金就狂升暴漲，利潤也就沖上天，那些經營公司的人呢，像我們文化所稱許的那樣，樂上了雲霄。

避稅是當權者用來詐騙窮人的極常見手法。美國的情況如此：數十家木材及造紙公司非但不用繳半毛稅金，還拿到納稅人的錢。在喀麥隆、迦納、印尼以及許多其他國家，砍伐的林木之中有三分之一或更多未登帳入冊，因此根本沒課稅問題。在迦納，盜伐林木的罰款低於一立方公尺木材的價格。

價格操縱：全球經濟體系中的掠取過程，幾乎每一步驟都牽涉到它。出售伐木機具給窮國時，其價格過高；採伐的林木又經常標價過低，消費者必須繳付壟斷租金。前

前後後是一場騙局。

　　賄賂的方式很多。在第三世界，這有時候叫做快辦費：你不賄賂官僚，他們就不核發必要的許可和文書；在美國，大家比較喜歡稱之為政治獻金，依不同的文化及情境而定，賄賂有時屬於違法，有時若以禮物或回扣行之則屬合法。重點在於有些人拿得出錢，有些人付不出。

傾軋以取的國家機器

　　下面又是真實世界的訊息，這一次是來自賴比瑞亞一份題為〈作為國內政治鎮壓中介的伐木公司〉的報告。它指出：「目前，伐木公司是我們國家官僚體系中最強大，政治上最我行我素的集團。在賴比瑞亞鄉村地區，伐木公司的私有武裝民兵已經取代了我們的國家警察組織。……以侵犯人權及殘暴對待無辜平民而惡名昭彰者包括荷蘭籍蓋斯‧孔哈沃文（Gus Konhavowen）所經營的東方木材公司（Oriental Timber Company），以及查爾斯‧泰勒（Charles Taylor）〔賴比瑞亞總統〕所擁有，由奧斯卡‧庫柏（Oscar Cooper）將軍和摩理斯‧庫柏（Maurice Cooper）這兩位前科累累的兄弟操盤的內陸木材公司（Inland Timber Company）。……在奧斯卡‧庫柏將軍直接授命之下，內陸木材公司的民兵團員一再於夜間侵入人民私宅，強姦公開批評泰勒之伐木政策者家中的婦女。內陸木材公司控制的民兵所犯罪行舉國皆知，包括公開笞刑、任意逮捕、對違法拘禁的平順人民經常施以苦

刑。……為了逼迫不滿的村民為他們工作，伐木公司以軍事力量禁止部落居民在自己土地上從事生計耕作。根據伐木公司的官方說辭，由查爾斯‧泰勒之弟鮑伯‧泰勒（Bob Taylor）主掌的林務發展局已將那些森林的採伐權授予他們，因此當地居民對森林沒有主權，除非得到擁有採伐權的公司明白同意，否則不能在這些地方從事耕作。但是，伐木公司一方面聲稱，不贊同其伐木之舉的人不得在此耕作，卻又網開一面，允許其雇工及雇工的親戚在同樣地方耕作。毫無疑問，在查爾斯‧泰勒統治下的賴比瑞亞，反對伐木公司等於完全斷絕了作為一個人及國民應有的個人生計。」

行文至此，我們終於要談到政治機制，亦即將生產國和消費國之內及其間政治、官僚、軍方、商業菁英聯結起來的主從關係網絡。這些網絡包括美其名為公共關係的洗腦作業、虛有其表的民眾參與管道；低薪雇用公務員，誘使他們貪污舞弊；鎮壓農民及原住民的反抗，將之滅除；砲艇外交；策動政變，扶立傀儡政權。

徒具形式的公民參與

公關公司經常被公司和政府雇用，將他們的惡行美化得令人拍案叫好。已經有好幾本書探討這問題，最值得注意的是史道柏（John Stauber）與藍普頓（Sheldon Rampton）的《有毒污泥好處多》（Toxic Sludge Is Good for You）。與森林有關的一個例子是 Chlopak, Leonard,

Schechter & Associates，這是一家專門從事危機處理的公關公司。當石油公司計畫在祕魯鋪設一條 400 哩長，穿越亞馬遜雨林中原住民土地的輸油管時，就是這家公司出來抵擋環保及人權團體的反對。

民眾參與管道是取代真正民主決策的方式。公關公司、政府機關、共識團體已經手法高明，足以愚弄、折騰、收買關心問題的民眾。這種公民參與的背後有一個基本認知，那就是，力量懸殊的兩造之間根本不可能進行真正的磋商，當權者對此了然於胸。譬如，多年來，在針對林木標售案提出申訴的過程中，我跟林務署官員會談了無數次，他們總是一副樂於候教洗耳恭聽的模樣，但天知地知我們知他們知，話說了都等於耳邊風。我也寫過老天才數得清的申訴文狀，這些也都行禮如儀收文呈報了，但果不其然全部石沉大海。你說啊，我這可參與了公共程序呢！你想啊，我們這算是個偉大的國家吧？

我的經驗可不是獨家遭遇。這就是我們這個國家的民眾參與模式。我們被「允許」盡情「向權力說出真理」，可是每個人都知道，當權者不會理會這些真理，照樣我行我素。與其把人關進偏遠的集中營，不如讓他們享受一下毫無作用的發言權，這還穩當得多呢。這樣，大家都可以假裝這個體制行得通。不幸，這個體制果真行得通，而且順利得很，只不過運作方式從來不是他們所說的模樣。

奴役第三世界的「全球化」

公務員一向薪水過低，第三世界尤其如此，這使得他們樂於接受賄賂，讓盜取資源之行得逞——以林務署默許美國境內盜伐林木的情況來看，美國公務員無需收受賄賂都會讓舞弊行徑過關。一個令人大開眼界的第三世界例子發生於喀麥隆：在 1992 及 1993 年進行的典型的「結構調整」中，該國公務員薪水調降了 60 至 70％，使得這些公務員更擋不住貪污舞弊的誘因。結果如何？喀麥隆的原木在當地加工者不到三分之一，砍伐的木材有三分之一根本未入賬，林木稅金有三分之二根本未徵收。

　　若要盜取資源，則少不了以軍隊和警察鎮壓農民及原住民、砲艇外交、以扶立傀儡政權為目的的政變。事實上，這正是美國軍隊的主要功能。正如前國防部長科亨（William Cohen）對財星五百大企業的一些主管說的：「國旗帶頭陣，工商跟著來。……我們帶來安全，你們帶來投資。」實際上呢，工商業界根本不用提供投資：資金來自百姓民眾。

　　在真實世界裡，這些機制造成下列結果：掠奪與貧窮；強制勞工；掠取公共財富以生產原料及商品；自主性地方市場一路栽進全球經濟的生產、消費、耗竭、崩潰的過程裡。這些機制統稱為全球化。

混淆的言論掩護森林砍伐

　　幾十年來，關於森林砍除的真正原因爭議甚多，其中大多是模糊焦點的言辭。會造成混淆，一部分在於砍除的直接原因的確因為地區、森林、年代而有所不同；一部分則在於社會文化、政治、經濟、生態所構成互相依存的網絡也確實複雜多變；還有就是，混淆經常有助於現況之維持。此外絕非偶發，關於全球森林狀況的正確資訊甚為缺乏，政府常疏於保存可靠數據，其中原因多端，包括：預算中有伐木的經費，卻無調查森林真實情況的款項；管理人員與實際砍伐者之間的勾結舞弊；終極因素則在於我們的文化並不珍惜完整無損的森林。再者，衛星照片常常顯示不出森林遭受破壞的真實程度。大家使用的術語幾乎全都有不同的定義，我們還得花心神爭辯森林砍除、天然林、老生林、未開拓林、永續性等等的語意。

　　以下是我們確知的情況，一如多佛涅（Peter Dauvergne）在《森林中的陰影》（Shadows in the Forest）說得簡要精準：「伐木者無可挽回地降低了老生林的經濟、生物、環境價值，他們也啟動了森林摧毀的程序。……他們修築道路，讓從事燒墾的農人得以進入林區；留下殘材及空曠地，使得森林容易發生災難性大火；他們降低初生林的金錢價值，這進而提供誘因，造成人們把砍伐過的地方（次生林）改種商業作物或用於大型開發案。……直接與間接因素，以及隱藏性的力量，都促成了急速、粗放、

短視的伐木作業。政府管理人員和林木業者固然直接涉入
這些事情，國際公司、市場、資金、消費、科技、行業常
規也都投下了強大的壓力陰影，限定了決策空間，使得快
速而具破壞的伐木作業有利可圖，加快了森林的砍除。」

掠奪非洲大陸

　　儘管說了以上這些，許多地區森林遭砍除的原因還是
可能有定論，非洲的情況顯示了造成森林消失的眾多原
因。在加彭、喀麥隆（木材為其外匯收入的最大來源）、
中非共和國、剛果共和國、赤道幾內亞，一個主要原因是
合法及違法砍伐。在奈及利亞（自從 1958 年以來，殼牌
石油公司在該國歐拱尼族〔Ogoni〕的土地上已經賺取了
300 億美元）、迦納、馬達加斯加、坦桑尼亞，一個主要
原因是石油及礦物開採。在象牙海岸、迦納、奈及利亞、
喀麥隆、南非、剛果共和國，種植橡膠樹、松樹、桉樹、
金合歡、柏樹、油棕櫚的人工林農場是造成森林消失的基
本原因之一。請記住，人工林不是森林。在烏干達，挪威
公司喬木農場 (Treefarms) 為了進行減緩全球暖化的「碳
吸存」作業，把八千人從十三個村莊逐出，在當地種植松
樹和桉樹。在奈及利亞、馬達加斯加、坦桑尼亞、塞內加
爾，蝦類養殖破壞了海岸紅樹林。在烏干達，水庫淹沒了
森林。

　　賴比瑞亞、安哥拉、剛果共和國的森林正被戰爭摧
毀，或已經被毀掉。譬如，在剛果共和國，參戰軍人有計

畫地強姦、凌虐、殺害、並且吃掉森林中的矮黑人原住民，其中包括小孩。犯下這些行徑的人聲稱，這是為了驅除該國「一種疾病」所進行的「預防注射」；的確，這項行動的代號就叫做「全清專案」。

賴比瑞亞、法國、比利時以及其他國家和公司，都以軍火交換黃金、鑽石、木材。1990 年代早期賴比瑞亞內戰期間，違法木材輸出每年高達 5,300 萬美元。息戰之後，投機的公司總是隨即前來混水摸魚；在賴比瑞亞，這些公司包括賴比瑞亞美國礦業公司（LAMCO）（美國瑞典合資）、普利司通輪胎公司（Bridgestone）（日本）、東方木材公司（Oriental Timber）（馬來西亞）。

根據世界資源研究所（World Resources Institute）所公佈，也是目前最準確的估計，我們可以提出下列概況：非洲尚存的未開拓林有四分之三面臨威脅；其中，79％所受的威脅來自伐木，12％來自採礦、築路及其他基礎建設，17％來自農耕開墾。這些百分率加起來超過 100％，因為有些森林面臨多重威脅。

森林劫難全球化

亞洲的未開拓林有 60％面臨威脅；其中 50％所受威脅來自伐木，10％來自採礦和道路，20％來自農耕開墾。

北美洲的原生林有 26％面臨迫近的威脅；其中，84％的主要威脅來自伐木，27％來自採礦和築路。

中美洲森林有 87％受到威脅；其中略多於一半所受

威脅來自伐木，17％來自採礦築路，23％來自農耕開墾。

南美洲的森林有 54％面臨即時的威脅；其中，69％所受的威脅來自伐木，53％來自採礦和築路，而儘管財團媒體口口聲聲說農人如何摧毀了亞馬遜河域的森林，只有 32％的威脅來自農耕開墾。

由於俄羅斯的遠東地區地處偏遠，俄羅斯的原生林只有 19％受到威脅；其中，86％所受的威脅來自伐木，51％來自採礦和築路，4％來自農耕開墾。

歐洲所有森林都受到威脅；其中，80％所受的威脅來自伐木。大洋洲的原生林有超過四分之三面臨立即的威脅；其中，42％所受的威脅來自伐木，25％來自採礦和築路，15％來自農耕開墾。

全球而言，森林面臨的威脅有 72％來自伐木，38％來自採礦和築路，20％來自農耕開墾。

大家對於準確的百分率可能會爭論不休，但真實情況是否認不了的。

全球化、結構調整、森林砍除，這些都是學術字眼，我們在上面試著下定義，只是，它們的真正意義為何？

這裡又是一則來自真實世界的故事：「柚木是〔緬甸軍事政權〕國家法律與秩序重建委員會（State Law and Order Restoration Council）的第二大合法收入來源。……緬甸和泰國的伐木者用大象搬運木材，以大量安非他命餵食這些動物，結果可能造成牠們上癮。為了不斷加快砍伐柚木的速度，許多大象被迫操勞過度而病亡。」

我們以上所描述的全球化過程可以用一系列動機和行動來籠統概括：

　　貪得無厭的消費行為促使當權者侵犯別的國家，竊取其樹木。這導致林地變更成農地，進而逼得原先的森林居民改種農作或到工廠謀生，於是導致貧窮；貧窮的流民又進入逐漸消失的未開拓林尋找糧食和薪材。這一切都使外債高築，接著只好擴展農產品企業和原料輸出，結果是外債再增加，貧窮更惡化。最後，導致國內經濟崩潰、結構調整，以及整個循環的加速運行。

全球化的真正後果

　　全球化的推展根植於資本主義式的經濟體系。推動全球化會加速人類更積極地破壞自然環境，森林的破壞只是其中一環。全球化的真正後果是促成人類只圖感官享受，更加浪費，更加努力開發自然資源，用最低廉的方式（亦即不顧破壞的效果與不計算外部成本）製造過量的產品，不合理的低價銷售到全球，於是我們購買非必需、廉價、流行、不耐用的產品。在這種經濟體系與貿易方式下，自然資源豐富的地方，過不了多久便枯竭了。近半世紀來，熱帶雨林面積快速消失便是明證，代之以牧草業與飼牛業，咖啡業與可可業。這些代價是未來世代負不起的重擔。

　　台灣的紙張及其他木質原料幾乎全賴進口。因為我們森林的木材品質、取得與加工，競爭不過美加的低廉紙漿與東南亞的木質原料，但是森林的破壞並未完全停止。山坡地的果園與高冷蔬菜的經營，低成本的林道開築，仍然持續破壞著山林。木材與紙漿的全盤進口，也未能保得住森林的健康，這些都值得我們深思。

第十章

我們正不斷消耗整個世界

跨國企業廉價取得資源，
把環境、生態、社會成本留給在地，
以低價傾銷摧毀在地經濟，
惡性循環使地方自然生態無力抵擋跨國資金的掠奪，
處境更加危殆。

我們從未說過我們在執行永續生產方案，我們也從未執行永續生產方案。我們說清楚講明白吧。沒錯，森林是大範圍砍伐，那有什麼不對？

李溪木材公司洛磯山區域營運主任

比爾·帕森斯（Bill Parsons），1989

全世界面臨巨大的危險。一旦樹木死亡，地球就跟著死亡。我們會成為沒有家園的孤兒，迷失在狂風暴雨之中。

卡雅波族（Kayapo）酋長塔庫馬（Tacuma）

過度消費促成跨國砍伐

北美、歐洲和日本人口佔世界的 17％，卻消費了全球商業木材的四分之三。美國消費的木材和紙製品比任何國家都多出許多；2000 年，全球木材與造紙工業總產值為 8,500 億美元，其中美國佔了 2,600 億美元。薪材、原木、製材、板材、木漿、紙這些木材產品的主要種類，除了薪材之外，其他的消費量都以美國為最多；以這些類別的每一項來說，美國的消費量都是第二大消費國的兩倍以上。美國人口不到全世界的 5％，卻消費了全世界木材及紙製品的 25％ 至 38％，為了促成這種過度消費，美國木材產品公司必須強力介入其他國家的森林業務。

加拿大是個典型的例子，該國的情況不幸在世界各地都反覆發生。2000 年，美國使用的新聞紙有 40％（或

660 萬噸來自加拿大）。美國的製材也有三分之一來自加拿大，特別是英屬哥倫比亞。總部設在英屬哥倫比亞的前十五大木材產品公司之中，至少十家將其一半以上的產品賣到加拿大境外，而主要買主為美國。

加拿大木材的最大配售對象包括威爾浩澤、波普暨塔伯特（Pope & Talbot）、路易西安那太平洋、錦標國際（Champion International）等美國公司。再者，美國公司和投資者掌控了數家「加拿大」公司：西弗雷澤木材公司（West Fraser Timber）由美國的凱撒姆（Ketcham）家族控制多數股權，卡利布製漿造紙公司（Cariboo Pulp and Paper）為加拿大膠合板公司（Weldwood）所有，後者又屬於錦標國際公司（現為國際紙業公司一部分）。真正在加拿大稱霸的美國公司則是威爾浩澤，它不但最近併購了麥克米蘭布羅岱爾，這家龐大的加拿大公司正砍掉英屬哥倫比亞大部分森林；威爾浩澤還取得了薩斯克其萬、英屬哥倫比亞、亞伯達、安大略四省 3,400 萬英畝林地的長期砍伐權。

英屬哥倫比亞生產的製材有 90％外銷，其中三分之二銷往美國。17％英屬哥倫比亞生產的製材外銷至日本，其中大部分是從海岸老生林砍伐的結構用材。英屬哥倫比亞省政府以低於成本的價格將採伐權賣給木材公司，造成加拿大納稅人每年大約損失 28 億美元，並直接以稅收為老舊及製造污染的工廠紓困，單單為太陽纖維公司（Skeena Cellulose）一間工廠就花了 3 億 2,900 萬美元。

它也放棄環保法規授予的求償權，每年損失 9 億 5 千萬美元，並容許（或者應該說鼓勵）木材公司漠視原住民對林地的所有權，結果必須付出數億美元的賠償。

消費森林的文明霸權

每當環保人士成功地讓某些森林砍伐作業暫時停止下來時，你常會在財團媒體上讀到文章這樣說：如果環保人士（或者經常被稱為「環保極端份子」）不是如此頑固，目無他人，那麼可能已經有多少房屋蓋好了。但是，這些文章幾乎從未指出，砍伐的樹木中三分之一以上是化成木漿，用來造紙。

事實上，製漿造紙部門是整個木材產品工業的火車頭。紙漿廠造價非常昂貴，因此若要建廠就乾脆一不做二不休把工廠蓋得很大，通常也有公帑鉅額補貼。既然各間工廠都相當大，再加上公款補貼的誘因，結果必然是產能過剩，甚至連進一步接受補貼的市場，也沒辦法吸收這些工廠的紙漿產量。不過，一般而言，紙漿廠並未獲得全額補貼，因此建廠公司最後還是虧損負債。這意味著，不管生產的紙張有無市場需求，工廠都必須運轉，而因此許多樹木「需要」被砍伐。沒有用於造紙的樹則加工成為製材或板材，或者當作工廠的燃料。這造成的結果之一是市場上充斥著製材、合板等產品，而這只是製漿造紙過程的副產品。

另一個結果是更多森林被摧毀了。進行木纖維化漿過

程之前，整棵樹必須先在碎解廠削成小片塊。由於使用的是整棵的樹，包括小樹在內，因此碎解廠的作業方式助長皆伐以及短促的輪伐週期，常常耗盡離工廠一百哩或更遠的好幾座森林。單單去年，為了供應美國東南部 140 間碎解廠，就皆伐了 100 萬英畝以上的森林。碎解廠的數目還與日俱增：譬如，不到二十年，北卡羅萊納的廠數從二增加到十七間。這些碎解廠每年就有 25 萬噸木材削片出廠：相當於 8,000 至 1 萬 2 千英畝的硬材和軟材樹木。

同樣情況時時在世界各地發生。

為了讓大家明白我們這個文化完全走錯了方向，我們必須在此指出，美國的紙張消費量從 1920 到 1990 年增加了五倍。全球紙張消費量從 1910 年的 1,500 萬噸增加到 1996 年的 4 億 6,300 萬噸。全球化架構中的南方以及東歐人口佔世界 84％，卻只消費全世界紙張的四分之一都不到；全球化架構中的北方以及亞洲的「老虎」國家（Asian Tiger nations 編按，意指亞洲新興國家如台灣、日本、香港、印尼等等）人口佔世界 16％，卻消費了全世界紙張的四分之三以上。美國、日本與德國的四億六千萬人消費全世界紙張將近一半；美國的消費量多於日本、中國、德國、英國的總合。

在砂勞越，數百名達雅克（Dayak）、阪南（Penan）、伊班（Iban）族人為了阻止築路和伐木設了路障，他們因此被逮捕、下獄、毒打。他們說：「我們會盡一切保衛我們的土地，我們絕不會放棄這塊土地。我們要維護尊嚴，

我們必須留給後代一些東西。」

拋下冷漠，正視跨國企業的超限開發

我們做了什麼？我們為何要砍盡地球的森林？還要多久我們才會像森林居民那樣，覺醒過來，開始反擊？

我們不能再以無知卸責。老實說，無知根本從來就不應該存在。冷漠，或許吧；無知，不可能。自遠古以來，人類就已經知道砍除森林的後果。從文明初始到當前，各時期的帝國都為了取得造船木材和工業燃源而向外擴張；當木材供應枯竭時，這些帝國也都隨著崩潰。

但是，全球性木材業卻繼續往邊陲擴張，想藉此超越生態層面上的原料供給極限，以及社會經濟層面上的市場需求極限。他們先砍了新英格蘭的森林，然後中西部，然後濱太平洋西北部，然後加拿大……正如國際紙業公司的懷特（Jude White）對林務管理員羅賓森（Gordon Robinson）所說的：「去他的，小羅。我們搞的是永續生產，西部的森林砍完，我們就回新英格蘭，木材業的發源地。」儘管多國木材公司口口聲聲說的是什麼永續性，什麼就業機會，幾千年來樹砍完就走人的事實依然沒變。用伐木工人錢尼（Henry F. Chaney）的話來說，木材工業城「一向只被當作用來解救〔原文如此〕木材的工具，也會像破舊的鋤頭、犁或任何其他器具一樣被拋棄。」他繼續說：「除非你想解救〔原文如此〕路易西安那臭沼澤裡的一片林木，或者威斯康辛或密西根的松樹林，不然，在那

些地方弄個鎮子還能幹什麼？」

　　儘管公司使出種種公關手法，產官學各方面許多研究都證實木材業者的確超伐。如今，森林邊境已逼近眼前，於是，自由貿易協定派上用場，這將清除最後障礙，導致全面工業化及資源涸竭。

　　至此，我們又回到了全球化。前面藉由它牽涉到的一些過程，我們討論了這個名詞的涵義。現在，我們要重新界定它：全球化是當前用來指涉在國際間進行製造及貿易之縱橫整合的一個名詞。縱向整合意指一家公司操控了從採收到製造到運銷前前後後的所有過程。一位專家曾把木材產品業的縱向整合描述為「大概是這個產業最顯著的特色」，也就是說，像是市場上賣出的紙大部分來自同時控制林地的公司。如今，像國際紙業這種公司把營運範圍擴展到幾十個國家，木材產品業的橫向整合也即將完成。換句話說，越來越少的公司控制著越來越大部分的世界。

　　這，你早就知道了。

　　這一切都造成問題，就像癌細胞在體內蔓延會對宿主「造成問題」一樣。這些問題不但涉及生態，也涉及經濟。以下我們將討論一些這類問題。

比一比，誰能更廉價地摧毀家鄉

一：全球化迫使每個人跟最低價的生產者競爭

　　1990 年代早期，在巴西生產一噸漂白硬材紙漿的成本是 78 美元，在加拿大東部是 156 美元，在瑞典是 199

美元。當然，巴西紙漿較便宜的主要原因在於其成本有較大部分可以外部化，亦即丟給了自然界，丟給低薪勞工，丟給當地社區，丟給未來世代。遵循著資本主義的邏輯和報酬原則，紙品製造者便轉移到這些成本外部化最多的地區，工人和政府則被捲入一場競爭，比比看誰能更快速更廉價地摧毀自己的社區。

二：藉政府農業及外援政策之助，公司常將產品以低於實際成本的價格向海外市場傾銷

這破壞了當地的經濟體系和自給自足，進而使得成本外部化的程度擴大。舉例來說，自從 1986 年加入關貿總協，特別是自從 1994 年簽訂北美自由貿易協定以來，墨西哥調降了進口紙漿和紙的關稅。結果，墨西哥的紙市場充斥著由美國進口的紙，也引進了威爾浩澤及史墨菲史東（Smurfit-Stone）這類全球性製造公司。紙品價格狂瀉，墨西哥造紙業也同時崩潰，就讓全球性公司輕輕鬆鬆接收市場。

三：全球經濟的相互關聯性使特定地區處於危境

當亞洲經濟於 1997 年崩潰時，美國西北部和南部的區域林業經濟也隨著受損。當哥倫比亞林產品公司（Columbia Forest Products）關閉其硬材單板工廠時，225 個工人失業。哥倫比亞林產品公司的委任律師金恩（Michael King）「舉述不利於工廠之若干因素，皆與勞工或資方無關。『都是全球經濟惹的禍啦。』」全球化以幾種方式造成失業：既然公司追尋廉價資源、廉價木材、

政府補助、外國市場，就業機會也就隨著移往海外；由於高度競爭導致企業合併及脫產，各地加起來的就業機會也減少了。在長期以來都有產能過剩問題的製漿造紙及面板材產業，這情況尤其嚴重。

四：資本密集製造業（如製漿造紙業）破壞各地小規模生態與經濟體系

這使得科技與大量生產取代人類勞工，也減少了就業機會。動輒耗資十億美元才蓋得成的世界級紙漿廠給貧窮國家帶來額外債務，可能要一百萬美元投資才能創造一個就業機會。當然，要是有人給當地老百姓每個人五十萬美元，然後叫他們以最好的方式對待森林，那他們應該會過得比較好。木材產品業若要繼續成長，所需的資金相當龐大，或許已經到達了極限；越來越多企業支出用於進行整合，亦即用於併購競爭者，而非增加產能。從這些獲利的是最大的企業，不是小公司，更不可能是工人。一位作者這樣說：「超過四分之一個世紀以來，造紙業的主要生產者不曾創造半個就業機會。」

想一想：誰能從惡性經濟循環中獲益？

五：企業併購造成失業，摧毀森林

當林地易手時，買方的債務（也是賣方的橫財）常常迫使他們把林木資產迅速變現，關閉工廠，解雇工人。以下是幾個例子：戈德史密斯（James Goldsmith）併購皇冠齊勒巴赫公司（Crown Zellerbach），然後將之解散；喬

治亞太平洋併購緬因州的大北部內庫沙公司（Great Northern Nekoosa）；以及上文提過的，MAXXAM 併購太平洋木材公司。

六：造紙產能遠遠超過消費量

隨著紙價跌落，只有最大的公司能夠投資購置巨型造紙機器；甚至連這些公司也需要政府提供越來越多的補貼，包括低利貸款、稅賦減免、基礎建設補助。為了回收這些工廠的營運成本，結果是促成產業進一步合併、超量產能及消費、資源耗竭。

七：經濟盛衰的循環惡化

造紙及木材產品業的週期性是由通貨膨脹、匯利率、需求量、供應量的變動所造成。每隔五到十年，景氣低落就導致價格下滑、減薪、關廠，規模大得可以熬過經濟蕭條的公司則更加壟斷市場。木材業向來產能過剩的問題使景氣循環惡化；出於同樣原因，當效率較差或補貼較少的廠商紛紛停業之後，區域產業就持續被併入由幾家大型國際公司操縱的全球產業。目前，五家公司生產了日本所用紙漿的 60％，五家公司生產了歐洲所用新聞紙的 85％。相對的，到了繁榮期，木材和紙漿價格高漲，融資容易取得，用來擴增產能，但必然發生的下一輪經濟衰退將使業者更難或不可能償還債務。產業一旦虧損，如加拿大紙漿業從 1991 到 1993 年虧損了 40 億美元，節省成本之計就導致裁員減薪、減少環保措施、延緩機器維修。單單在 1990-91 衰退期，美國造紙業就永久性裁減了六千個員工

名額；製漿造紙業當前的這一波合併預估將裁減另外五萬個名額。

八：機械化、原料輸出、林木超伐扼殺就業機會

公司進行減薪，時時違反環境、健康、安全防護規範，卻拿工人和環保人士來做代罪羔羊——別忘記「林鴞或工作，兩者擇一」。事實上，由廣告促成的過度消費、機械化（業者稱之為「生產力提升」），原木、木片與紙漿的批發輸出導致林木超伐，而這才是就業機會減少的原因。我們已經討論過，幾十年來紙類與木材產量如何增加，而員工名額卻減少。但是，從永久性裁減數目絕對看不出人們受害的全貌，因為那數目並不包括薪資及福利的縮減、兼職工及委託代工的增加、例行的「臨時」解雇。必須記住，一家公司的「生產力提升」乃是一個人的失業，一座森林的死亡。

九：全球化將收入從工人轉移到投資者，將成本從投資者轉移到社區

我們在此提出一個典型的例子。傑佛遜‧史墨菲公司（Jefferson Smurfit）與史東容器公司（Stone Container）合併一星期之後，新組成的史墨菲史東公司宣布，它將從勞工總數中裁減 3,600 名，亦即 10%。「鑒於這項重整方案對就業和社區的衝擊，我們考慮再三，」總裁兼執行長說。「不過，這樣做會相當有助於達成我們公司合併後的綜效目標，提高我們的競爭優勢，創造股東價值。」同樣，當國際紙業公司與聯合坎普公司（Union Camp）宣布合

併時，一位發言人說，關廠是有可能，但仍在未定之天。另一方面，國際紙業公司的一位經理卻指出，「〔裁員〕是遺憾的事。不過，我們是活在自由市場經濟裡。」

他這說法是胡扯，不通之處有數端。第一，「市場」一向是由基於政治考量及為了防堵競爭而提供的補貼所帶動，因此，「市場」根本不「自由」。第二，反對資源遭受盜取的人會被收買、驅逐，甚至殺害，因此，這再度顯示，「市場」不是「自由」的。第三，他的說法賦予這個想像的自由市場一種不變性，彷彿它是生活中無法逃脫的事實，如同地心引力一樣。但是，優勢的經濟體系乃是許許多多選擇所造成的結果，而這些選擇之中有不少是對地球上大多數人非常有害，我們永遠不該忘記這一點。

「自由」市場經濟帶來迫害

又一個來自真實世界的訊息這樣說：

「根據巴西政府印第安民族基金會官員的說法，目前巴西公司所賣的桃花心木幾乎全部來自〔印第安〕保留區。幾乎所有可以合法砍伐〔桃花心木〕的地方都被砍光之後，大型伐木公司湧進為印第安人或野生動物設立的保護地區。伐木公司正在亞馬遜河域東部及西南部的大多數保留區採伐，造成嚴重後果。」

「1981年以來，朗多尼亞州（Rondonia）的1,200個烏魯優渥渥（Uru Eu Wau Wau）印第安人已經有一半死亡，他們或是被伐木公司的私募兵團所殺害，或是因入侵

者帶來的疾病而喪命。他們的保留區裡有兩間木材廠，其中一間所砍伐的桃花心木經由一系列中盤商和一位英國進口商，最後落到白金漢宮和桑德林漢（Sandringham 譯按，英國女皇行宮）的家具修復部門。」

「像瓜波雷族（Guapore）一樣，亞馬遜州札瓦利谷（Javari Valley）的科魯布族（Korubu）也在外來者入侵之後避走他處，但現在他們也被迫面對殘暴的待遇。三個月前，一個伐木團隊的兩個成員沒有回到營地。他們的失蹤被歸咎在印第安人身上，於是一隊民兵受命進入他們的居地，其明確任務是凡見到科魯布人皆格殺勿論。」

「瓜波雷族、烏魯優渥渥族、科魯布族以及許多其他族群和來到他們土地上伐木的人接觸時，只有在槍口下被欺壓的份。不過，那些跟伐木者談成交易的印第安人遭遇恐怕還更悲慘。幾年前，白人開始進入帕拉州（Para）卡雅波族的土地，他們開著小貨車，上面裝滿廉價商品：T恤、罐頭食物、收音機、手電筒、塑膠玩具。他們把這些東西交給印第安人，印第安人高高興興收下。」

「幾個禮拜之後，這些人又來了。他們說，他們是伐木的，先前發放的東西是賒帳賣給卡雅波人，現在他們要來收帳〔就和國際貨幣基金會的銀行家一個樣〕。既然印第安人沒有錢，那麼他們〔伐木商〕就把他們所說的欠款數目折換成木材，用木材來抵債。

卡雅波人沒辦法，只能讓他們砍走價值為先前發放的那些商品數百倍的木材。一旦進入卡雅波族的領域，伐木

商就開始對族裡較有份量的人下工夫，用卡車、音響、妓女來誘惑他們。巴西的印第安民族權益護衛人士把他們跟毒販相提並論。幾個村落領袖上了鉤，沒經過村民同意就把森林賣掉，這對卡雅波社會及環境造成災難性的衝擊。」

另一種皆伐：全球化併購

十：全球化──越滾越大

企業的合併會推動進一步併購整合。國際紙業公司與聯合坎普公司合併的消息一宣布，股價立刻高漲，華爾街的分析師和交易商興沖沖認為，這將導致造紙業全面性的進一步整合。分析師說：「這一回真的讓其他紙業公司開始感受到壓力，他們可要好好考慮合併的談判了。」另一位分析師也說造紙業的進一步整合無可避免，他並預測，到了 2005 年美國的容器紙板工廠數目（目前為 50 到 60）將減少一半。一位派駐亞洲的產業記者以下述為企業重組做辯護：「在產能過剩之時，位居第二（或更糟）可能就等於沒命。……對許多人來說，〔整合的〕過程會很痛苦……但危機之後我們將見到一個比較精減更有效率的產業。……財力雄厚的西方公司已開始進入〔亞洲〕，當地企業的 M&A〔併購〕勢不可免。」在這場企業的生存競賽中，史墨菲史東公司的董事長應該已是贏家，儘管如此，他對併購整合的趨勢還更加看好：「客戶的加速全球化，無疑也帶動了那些目前正在改變我們產業的兼併。我

相信，由於這個最值得慶幸的產業整合過程，我們的業務在二年後及未來將蓬勃許多。」二年計畫，眼光多淺！

十一：國際貿易摧毀國內經濟

墨西哥是個好例子。史墨菲公司宣稱，墨西哥受益於北美自由貿易協定，市場一片景氣，因此他們準備斥資 1 億 2 千萬美元，擴充墨西哥蒂華納（Tijuana）的瓦楞折疊紙箱生產業務。但是，史墨菲公司的董事會說謊了。墨西哥並非欣欣向榮。從 1995 到 1996 年，墨西哥木材產品業的就業人數減少 30％，產量下降 50％，但消費卻增加 16％。進口產品和外國公司的進入摧毀了墨西哥的造紙業，以往該產業所用的纖維 75％來自回收廢紙；墨西哥政府的因應對策是對外國公司提供甚至更多的優惠獎勵。

十二：樹砍完就走人，全球皆然——正如皆伐被稱為「臨時性草原」，這種行徑被稱為「具有創新性」

1995 年，《世界紙業》（World Paper）如此寫道：「由於能夠砍伐的森林越來越少，木材認證制度的建立，回收法規的執行，我們業界做出了創新性的回應……纖維的來源逐漸移往海外。」我們把這些話的意思說白了吧：因為木材公司已經把當地的森林砍光，因為當地法規不再允許某些成本的進一步外部化，所以木材公司要離開這個國家了。他們所做的乃是木材公司一貫為之，也將一直繼續的事：樹砍完，就走人。他們把這叫做「創新」。

1995 年，博伊西加斯凱德公司宣布，他們要到西北部以外的地方找尋木材來源；他們提出的理由可真一大

堆，包括研議中的聯邦林務計畫啦，高量需求啦，森林病害啦，森林火災啦。博伊西加斯凱德公司的執行長哈拉德（George Harad）坦言，公司私有林地的砍伐速度太快，無法永續。而該公司發言人巴特爾斯（Doug Bartels）則承認：「從〔公有林木的〕任何方面來看，我們都必須到海外找尋木材供應。」博伊西加斯凱德公司的副總裁和其他主管去視察了西伯利亞林地。他們還有意開採南美洲、南非共和國、南太平洋（主要是紐西蘭）的放射松樹林。再一次，讓我們把他們的意思說明白：儘管口口聲聲什麼永續林業，什麼心繫社區，他們心之所繫只在砍除森林，永而續之的是樹砍完就走人。

「自由貿易」下隱藏的詭局

十三：助長全球化之餘，自由貿易協定進而造成人類及非
　　　人類生物社群的破壞

　　自由貿易協定造成這種結局，是因為降低關稅，取消勞工、消費者、環境各方面的保護規範，而這麼做都是為了鼓勵多國公司前往外國投資。違反世貿組織規定的「貿易障礙」包羅萬象，以下為其中數例：為了維護本地就業機會或保護本地森林而設定的出口管制（也就是說，依照世貿組織規定，任何地區都不得要求以本地人民的利益為考量來開發當地森林）；廢紙回收再利用的強制法令，或包裝材料的管制（也就是說，任何地區都不得訂定回收法規）；林木產品的認證與標示（也就是說，任何地區都不

得要求其林業經營方式具有一絲一毫永續性）；外國投資者必須履行的義務，譬如他們必須與本地人合夥，雇用本地勞工，達成某種規模的投資，將有利環境的科技轉移給本地政府或公司；如果外國投資者在環保方面表現不良，本地政府得以採取制裁行動的約定（也就是說，即使威爾浩澤公司自己承認，單單在美國就皆伐了四百萬英畝以上的森林，任何國家都不得以此為根據，採取有效保護自己及森林的行動）；外國人林地所有權的限制；甚至，防範外來物種入侵的法令措施。上述種種都視為違反「自由貿易」的規定，施行這些政策的國家都會受到經濟制裁。

十四：自由貿易增加消費

根據世貿組織貿易與環境委員會和美國森林暨造紙協會的研究，取消林木產品關稅之後，消費量可提升 3 至 6％，某些林木產品在關鍵市場的總貿易量每年可增加 3 億 5 千萬至 4 億 7,200 萬美元。他們認為這是好消息，但我不敢說森林或正常人會苟同。

十五：自由貿易及全球化導致更多補貼

木材產品業得到的補貼包括以下數項：公帑支應的林木標售作業、道路鋪設、森林火災及土壤侵蝕之防範；財產稅的免除；儘管造成失業，原木輸出依然享受的稅賦優惠；失業廠工的再訓練；棄置廠址的有害廢棄物清理。公司越來越便於遷移陣地，自然也就越來越會拿就業機會來敲詐。當公司宣稱，除非工人同意減薪或當地政府提供更多補貼，否則他們便要關廠或遷廠，這就是拿就業機會來

敲詐。為了吸引或留住木材公司,這些地方政府常常互相競爭,紛紛降低財產稅、營業稅或其他稅賦,提供免費廠地和港口設備,以低利貸款或補助款幫助公司購置機具和進行現代化。例如,好幾年來,俄亥俄和肯塔基兩州你爭我奪,都想以百萬千萬巨額補貼幫助國際紙業公司「重整」。砍除森林的費用、就業機會從一個地方移到別處的代價,這些全由公帑支付,納稅人和工人總是受損。如果能像公司輕易取得免費廠地那樣,一般人也輕易就有免費住宅,像公司輕易取得補貼的原料那樣,一般人也輕易就有免費食物,豈不是好極了?

正當自由貿易協定導致國內工廠關閉時,全球化又獲得了另一類補貼:如果關廠是由廉價進口產品造成,或是因為生產營運遷移到加拿大或墨西哥,那麼美國勞工部會發放「北美自由貿易協定相關援助款」,支應失業工人的職業再訓練、遷移補償、長期失業給付。

同時,稅款源源滾入的世界銀行和多邊開發銀行頭寸飽足,他們提供貸款推動具破壞性且又無必要的林木營運。如果本地人士起來反抗外國公司的入侵,譬如像國際紙業公司併購俄羅斯一間造紙廠時那樣,美國國務院的海外私人投資公司就提供政府擔保的政治風險保險。

遊戲規則根本不公平。

是單方面的吞噬，而非遊戲規則

可是這並非一場遊戲。或者，對「贏家」這才是遊戲。對「輸家」而言，這是貧窮與毀敗，這是生死大事。

來自巴布亞新幾內亞的音訊：「你們白人用鋸過的木頭蓋房子，我們紐吉尼人（Niugini）用黑棕櫚做地板。我們用藤蔓，不用鐵釘。我們用庫尼（Kunai）蓋屋頂，而不是用鐵皮。公司的機器弄毀了我們的黑棕櫚樹，我們的藤蔓，推土機壓壞了我們的庫尼園。我們和別的村子有同樣的習俗，都用麻魯（Malou）樹皮的纖維做傳統衣服，現在麻魯不見了。機器毀了我們的土地和我們的傳統，金錢無法補償這些。」

跨國公司正在啃噬世界。作為有錢人的工具，跨國公司有一項優勢，即是它們可以從遠距離進行精準無比的殺戮，獲利的人永遠不必面對他們所造成的蹂躪慘狀。跨國公司的另一優勢是，由於它們實際上並不存在，只是法律上的虛擬，因此它們永遠不會被殺。更糟的是，由於它們沒有肉身，而只是貪婪的「化身」，它們就像我們文化其他部分一樣，其存在目的只是為了脫離周圍的世界，不管是出於什麼愚蠢的、瘋狂的、殘惡的、自毀的原因。因此它們可以說是永遠不需要停止成長。

於是，森林面積越來越小，而公司規模越來越大，我們的生活和地方經濟越來越被這些越來越遠，也越來越蠻橫的虛擬物控制著。

而且，它們正在啃噬世界。

這一切都非常奇怪，非常可悲，非常愚蠢。

鄉土森林，皆由跨國地主砍伐

跨國公司及其主管不會有地方認同感。總部設在美國的公司到東南亞砍除森林；總部設在東南亞的公司到南美洲砍除森林；總部設在歐洲的公司到非洲砍除森林。如此這般，沒完沒了。

我們對全球化的不滿並非出於抽象的經濟與政治理論，我們談的是實際的公司和真實的森林，世界上最大的幾個「地主」便是木材公司。

加拿大的阿比蒂比普賴斯公司（Abitibi-Price）在美國和加拿大擁有 100 萬英畝土地，另外控制了 1,900 萬英畝的採伐權。巴里多太平洋集團（Barito Pacific）取得印尼 2,100 萬英畝允許開發林地之中 200 萬英畝的採伐權。加拿大太平洋林產公司（Canadian Pacific Forest Products）擁有或承租了 2,400 英畝。日本大昭和造紙公司在加拿大亞伯特和英屬哥倫比亞兩省控制了將近 1 千萬英畝林地。德國的卡爾‧丹澤爾公司（Karl Danzer）在全世界控制了 700 萬英畝以上林地，包括在薩伊取得 10％森林的採伐權，其伐木量佔了該國的 40％，以及在象牙海岸取得近乎 100 萬英畝的採伐權。1980 年代，卡爾‧丹澤爾公司也在巴西和阿根廷營運。德國的葛倫茲公司（Glunz）在加彭的蜜蜂森林（Bee Forest）擁有 75 萬英

畝的採伐權，它從這裡為子公司埃索洛伊（Isoroy）取得加彭欖樹原木，後者即歐洲最大的熱帶木材合板製造商。為了擴大原料來源，葛倫茲公司也從喀麥隆、中非共和國、赤道幾內亞、剛果共和國取得原木。

吞噬全球

韓國現代公司於 1990 年簽訂了在西伯利亞濱海邊疆區（Primorskiy Krai）砍伐林木的三十年合約；大部份砍伐的林木未在當地加工即輸出；現代公司的伐木作業也已經擴展到比金河（Bikin）上游集水區。國際紙業公司至今在美國各地控制了高達 1,200 萬英畝的林地。恆康保險公司（John Hancock Insurance Company）的子公司木業集團（Timber Group）在美國和澳洲控制了 300 萬英畝以上的林地。日本的三菱集團總共控制了 2 千萬英畝以上的林地，分布於澳洲（生產木片）、巴西（合板）、加拿大（木漿、紙張、筷子）、智利（木片）、巴布亞新幾內亞和美國（木片）。日本三井集團的聯營公司。新王子製紙株式會社在加拿大、德國、美國、澳洲、紐西蘭、斐濟、巴布亞新幾內亞、越南、巴西、泰國、智利和印尼控制了1,700 萬英畝林地，並在這些國家經營木片、紙漿、造紙工廠。馬來西亞木材公司常青集團（Rimbunan Hijau）擁有或控制了 900 萬英畝林地，分布於巴布亞新幾內亞（佔該國總伐木量 50％以上）、馬來西亞（200 萬英畝）、巴西（100 萬英畝以上）、俄羅斯哈巴羅夫斯克區

（Khabarovsk）（將近 100 萬英畝）、喀麥隆、紐西蘭。

　　法國的胡杰海洋公司（Rougier Ocean）在喀麥隆控制了 30 萬英畝以上林地，以及一間木材及合板工廠，並向法國、義大利、西班牙、日本輸出原木。1994 年，法國勾銷喀麥隆積欠債款的一半，換取胡杰在喀麥隆的林木採伐權；也真巧，法國總統密特朗的兒子正是胡杰的喀麥隆子公司股東；在加彭，胡杰也是林地最多的外國公司（90％加彭的伐木都以原木輸出）。馬來西亞的三林集團（Samling）於 1994 年與柬埔寨簽訂合約，得以開發該國將近 5％的土地，並取得 12％尚存森林的採伐權。三林集團也跟巴西簽訂了涉及數百萬英畝林地的合約。1991 年，三林集團與韓國公司 Sung Kyong 在蓋亞那取得為期二十五年的 400 萬英畝採伐權。三林集團也在「自家」馬來西亞營運，掌握了 300 萬英畝以上的採伐權。馬來西亞公司 Tenaga Khemas 在蓋亞那擁有將近 200 萬英畝的採伐權。

　　例子還很多。

不是開發，是竊取與耗竭

　　來自馬來西亞的聲音，這是 61 位達雅克部落領袖簽署的聲明：「有些人說，如果我們不同意搬離我們的土地和森林，我們便是反對『開發』。這完全扭曲了我們的立場。開發並不等於竊取我們的土地和森林……這不是開發，而是剝奪我們的土地、我們的權利、我們的文化認同。」

前面說「公司永遠不需要停止成長」，此話並不全然正確——直到耗盡整個世界之前，它們不會停止。到那時，它們當然就會停止成長。森林也一樣；我們也一樣。

耗竭的文明

全球的綠色覆蓋就像會飛的綠氈，飛往富人的家園。綠氈的製造廠——森林一個接著一個變色，如大火之後留下的一堆黑炭與黃泥，綠氈內的眾生命大都死於非命。這種滅族行為，人類還自喻為開發、進步與文明。

台灣每年消耗的木材等相關物料，幾乎全都來自進口，可以想像，原產地的森林會是什麼光景。諷刺的是一個國家的耗紙量也是現代國家的文明指標。摧毀自然以養孕文明，可以持續多久？還有，先住民的社會在現代化強力的物質文明攻佔下，傳統森林文化最先遭到淪喪。全球的先住民傳統文化（包括五千多種語言），很難維持到下一個世紀。

台灣先住民在西方式經濟壓力與森林不再直接提供生活所需下，他們的原經濟體系崩解了，部族村落已無法自給自足，文化傳承也岌岌不保。當傳統智慧快速流失，部族的自尊便難以維持。這個現象與走勢要向誰討回公道？我們如何力挽狂瀾？或許這是永遠無能為力了。

第十一章
無效的解決方案

我們不需要徒具公文的「民眾參與」；
不需要由企業及政府菁英主導的「社區林業」，
我們需要的是，
地方百姓能對土地與市場，
相互善待地監控；
我們需要的是，
投向森林的復育生態學工作。

如果我們真的放手改革我們的腐敗制度，整個社會將分崩離析。整個體系從上到下盡是欺瞞使詐，這我們全都知道，不管是工人還是資本家，而且我們每個人都是這個體系的縱容者。

亨利‧亞當斯（Henry Adams），1910

無效的緣由：消費宰制森林

　　我們不知道全世界森林的真實情況，縱使知道，那又有什麼用？晚近的森林資源清查使用了最新衛星影像技術，但如果伐木作業有一半都違法，資源清查又有何用？

　　自從 1961 年以來，全球的木材消費量增加了 50％。聯合國的林務專家曾經預測，從 1996 到 2010 年，木材消費量將增加 23％，紙類消費量將增加 30％。就像在元旦少抽幾根並不會戒掉菸癮一樣，任何由經濟衰退所引致的木材和紙類消費下降都只是一時現象，不多久，瘋狂消費即故態復萌。

　　全世界的熱帶木材貿易量之中，日本佔了 40％以上。日本進口的熱帶木材有三分之一是用來做水泥板模的合板，使用一兩次之後即丟棄。日本的合板來自印尼、馬來西亞、俄羅斯，其中 40％是用違法砍伐的木材製造。日本沒有必要以熱帶木合板當作可拋棄板模使用，卻是十分顯而易見。

　　柳安合板佔美國所用的熱帶木材四分之三以上。這些合板用來做門板、地板下層、家具內板、看板、電影及舞

台佈景，美國還是全世界最大的桃花心木輸入國。紐約市根本不必拿巴西紫檀木來做公園座椅或鋪設步道，這是非常明顯的事實；紐約市的港口和船塢不必用蓋亞那綠心木打樁；紐約市地下鐵的軌道枕木不必用非洲紫心木；會議桌和辦公桌不必用從亞馬遜河域走私的桃花心木以及緬甸奴工砍伐的柚木來做。

我們文化所能消費的紙量似乎沒有極限。我們在前面提過，全世界每年紙類消費量從 1910 的 1,500 萬噸增加到 1996 的 4 億 6,300 萬噸。要消費那 4 億 6,300 萬噸，就必須砍掉 200 萬英畝林地上的 20 億立方碼木材。

紙品消費的成長比人口快得多，而且消費分布並不均衡。美國平均每人每年消費近 700 磅；英國和日本平均每人每年消費 330 磅；非工業化世界平均每人每年消費 12 磅。

回收再生速度趕不上擦屁股

回收再生的紙不夠多；美國在 1997 年回收再生不到一半，回收廢紙僅佔美國造紙業纖維需求量三分之一。1997 年，美國的印刷及書寫用紙有三分之一回收，其中大部分再製成衛生紙和紙板；瓦楞紙箱有四分之三回收，報紙有三分之二回收。即使是能以身作則推動廢紙回收的聯邦政府單位，其購用的紙張也只有 10% 必須是再生紙。

但這才是令人難以意料的事：全世界的紙有三分之二做成包裝材料、衛生紙及其他可拋棄產品。我們用古老森

林來擦屁股的時候，也犯下了種族屠殺、生態滅絕、全球自毀的罪行。

砂勞越伊班族的一座長屋因為建造水壩被遷置之後，一位該族婦女這樣描述她的族民：「他們喪失了可愛的土地，我相信他們會永遠哭泣。」

罰款遠比改善問題根源來得便宜

製漿和造紙代價高昂，而且有非常嚴重的附帶後果：紙漿和紙的生產過程耗用大量的水和能源，排放污染空氣、水、土壤的有毒化學物，製造滿山滿谷的固體廢棄物。雖然有這麼多問題，造紙業卻是美國主要製造業部門之中研發經費最少的。美國造紙業使用的纖維來自木材以外者不到 1％。以全世界而言，只有 10％原生紙漿及 6％造紙纖維不是取自木材，但是，中國的造紙纖維卻有 60％不是來自木材。造紙纖維可以輕易從農作殘餘取得，譬如麥寅、稻草、玉米桿、高粱桿、蔗渣，從古至今都能如此。德國及其他歐洲國家已經取消對大麻纖維的禁令，北半球所種植的纖維用大麻已有 80 萬英畝，這些都有助於減緩森林砍除的速度。

使用氯氣的硫酸鹽紙漿廠造價昂貴，改良其機器和生產流程也所費不貲，將高達數千萬美元，但改良是值得做的。使用氯氣以外的東西進行漂白除了減少污染之外，也可降低能源用量以及其他營運成本，提高紙漿產量。歐洲紙漿業比美國早好幾年即進行改良。美國環保署與造紙業

勾結，故意隱瞞戴奧辛的危險，以及造紙業使民眾和環境暴露於戴奧辛的事實。一位法官曾經宣判，他們攜手合作，「隱瞞、竄改或延遲公佈環保署及產業共同執行之〔戴奧辛〕研究的結果，或是扭曲此等結果的公佈方式。」

　　為了延緩無可避免的改變，美國政府及產業把重點放在某些特定化學物的檢測和控制上，而非更有效率地預防各大類有毒化學物。這種局限的取向如此明顯而刻意，實在令人咋舌。定向粒片板、中密度纖維板、粒片板、合板這一類木質板材製造過程使用致癌的神經毒，譬如酚和甲醛；木材防腐使用砷和五氯酚這種有毒物。這些當中有許多是管制物品，聽起來似乎可讓人放心，但管制通常只是徒具形式：缺乏執行力量或政治抱負的管制單位發布法令文件，對有毒物品之使用及棄置加以規範；所謂管制也不過如此，你要是得了癌症，那是你家的事。有時候，公司會被罰款，但金額少得很，因此像威爾浩澤等許多公司只是把罰金當成例行營業成本，猶如廣告開銷。繳交罰款，然後繼續一貫地毒害人類及非人類社群，這遠比解決問題便宜多了。就這樣，問題得不到解決，想當然耳。

　　相關單位設定了好幾套廠商污染防治績效的評定辦法，環保署要求製造廠公布其排放之有毒化學物的磅數，像經濟優先事項協會（Council on Economic Priorities）這種公益組織也發布過造紙業者的績效評定，以一家公司的員工數或營業額為單位，計算出每名員工或每一美元營業額製造多少磅有毒化學物。

真是了不得！人們繼續受到毒害，水域繼續受到毒害，大地繼續受到毒害。

環境成本尚未納入財務報表

人類排放的二氧化碳大約有一半來自森林砍伐作業，二氧化碳則是全球暖化的主因之一。美國森林暨造紙協會、國際森林暨造紙協會聯合會、永續發展世界事務委員會、世界資源協會設計了一套方法，用以檢測製漿造紙廠的溫室氣體排放量。

能夠取得這些資訊終究是好事，但世界繼續燃燒著。問題不在於資訊之缺乏，而在於忽略了更深層的認知：如何以另一種方式生活。

世界資源協會最近提出一套辦法，可將環境負擔成本納入財務業績計算之中。譬如，依此計算方式，一家公司所有可預見的污染防治成本將列為財務負債。一旦聽聞此事，你會難以置信，這麼合情合理的計算方式竟然尚未被採用，未被廣泛接受。正如該協會所指出的，這裡牽涉到的重點不是你對環境有什麼看法，而是公司的上策理應把所有負債納入考量。但財務分析家和投資人一向只在意如何盡快謀取利潤，股東不必承擔其公司的負債，董事和經理則聲稱他們「受託付」的義務是為股東創造最大的股息。世界資源協會還認為：「大體上由於缺乏一套把環境保護績效轉換成財務表現的可行辦法」，因此投資人做決定時，無法把涉及環境的風險和機會納入考量。

這個說法的主要問題倒不在於內容謬誤，而是在於態度上的短視及苟且，讓大家一如過去那樣，盡是從技術（會計）層面尋找回歸單純理性的辦法。財務會計早就該採用新方法了。公司一再抱怨「命令及控制式」的環保規範，卻不願採行完善的營業方法，更不願採行完善的環保措施。真不可思議，還得勞駕一個環保智庫來告訴數十億營業規模的造紙公司如何將負債納入財務報表。

這根本毫無道理。

根本之道：尊重環境倫理

我們能不能接受另一個較直截了當的立場？如果沒有解毒劑，就不要製造毒物；凡是會污染水源的生產方式，皆不可採用；任何人都不得為了製造公園座椅、可麗舒面紙或雜貨包裝袋而殺害工人、鄰居、活動份子、農民、原住民、土地。這些都是常識性而且在倫理上不證自明的原則，但為何那麼多人那麼難以實踐？

問題不是也從來不是會計方法或工業技術的缺乏，問題出於逃避、頑固、冷漠。解決之道不在技術層面，而在政治層面；解決之道甚至不在政治層面，而在社會層面；解決之道甚至不在社會層面，而在心理層面；解決之道甚至不在心理層面，而在認知層面；解決之道甚至不在認知層面，而在精神層面。問題出於我們整套生活以及對待世界的方式。

不過，我們不妨試試下面這個政治上的解決辦法：讓

環保署管制人員擁有最好的方法，讓我們強迫美國證管會和法務部起訴並搞垮任何因為忽視人權及環境而欺騙投資人、納稅人，及／或人類和非人類生物社群的公司，包括其股東、董事、經理，並且可將這些人下獄——真是個不錯的想法。

加拿大和美國納稅人的森林被摧毀，他們卻還得為此付錢；巴西和瓜地馬拉農民遭受地主的掠奪；未來世代將為他們祖先的貪婪消費付出代價；狐猴和虎必須付出遭受人類迫害及消滅的代價。

政策為幫兇，以公帑支持砍伐

全球性木材業將成本外部化，有一部分是無意造成的，其導致森林破壞也是始料未及的結果；其他則是刻意的作為，目的在於提高或維持木材造紙業各部門的利潤，使用的手段就是將成本外部化，或提升木材和紙製品的消費量，使人類的「需求」跟得上超大型工廠的供應，藉此解決業界的產能過剩問題。

從 1996 到 1998 年，美國木材及紙製品業總共獲利36 億元。他們繳交了 5 億元稅款，獲得了 7 億 5,900 萬元稅賦減免。24 家木材造紙公司不但未繳任何稅金，還取得公帑補助，譬如威爾浩澤 1998 年的應繳稅額是負 950萬元。1994 年，俄亥俄州政府給予國際紙業公司一系列補貼，包括用於購置機具的 700 萬元貸款及 70 萬元補助，抵稅額 340 萬元，營業稅減免額 42 萬元，職業訓練補助

款 9 萬元。

　　美國國務院的海外私人投資公司以及美國進出口銀行提供融資，讓業者到海外砍除森林，地域範圍包括俄羅斯、印尼、智利等等。日本出資促成全球各地森林的摧毀，然後改種貧瘠的人工林；這情況發生於俄羅斯、沖繩、印尼、巴西、澳洲、越南。歐洲國家提供資金在非洲修築道路建造水壩，危害當地尚存的雨林。

　　如果稅收公帑是用於建造集運材道和木材輸出港口，用於承保內戰肆虐地區之伐木作業的政治風險，用於免除造紙公司的環保責任，用於提供貸款給至今還能保護森林的社區購買曳引機和製漿機器，用於設置警察和軍隊以便攻擊或殺害抵抗者——如果情況如此，那再怎麼種樹，再怎樣監督木材公司遵守環保規範，也幾乎全不管用了。

　　這些補貼政策必須改變。試想，如果把同樣多的錢用於實際設法幫助森林，而不是像當權者那樣耍騙術，把破壞行動換個名稱（還記得「臨時性草原」嗎？）讓人容易接受，而是執行真正有益於森林以及所有森林棲居者的方案，那該有多好？真是個不錯的想法。

　　以下是砂勞越阿當河口（Long Adang）阪南族酋長阿龍西加（Along Sega）的話。當他家族的墳墓被毀之後，他拒絕林夢貿易公司（Limbang Trading Company）一名經理提供的補償金。他這樣說：「我告訴他，即使我有任何生命危險，我也不會為了救自己一命而出賣父母和親人的身體和靈魂，因為我們的身體，不管死的還是活的，都

不是可以出賣的。我拒絕了那筆錢，也向他懇求說，如果你們已經有這麼多錢，就請不要來取走我們的土地。但他只是搖搖頭，笑著回答：『我們已經拿到這片土地的開發許可。森林裡並沒有你們的土地，因為森林只屬於政府。收下這筆錢，要不然你什麼都拿不到。』我還是拒絕了錢。」

環境影響評估未真正落實

林業應該保護森林，這個觀念很簡單，道理也很明顯。林業應該永續經營，這在技術上沒有困難。伐木不應該破壞諸如菇菌、淨水、氧氣等森林「產物」，不應該快得足以破壞森林製造纖維的能力（砍伐兩次後的三生林已無生產力）。任何研議中的伐木方案都應該進行涵蓋整個生態系的環境影響評估——真正的評估，而非更多「不致造成重大影響」之類的廢話，並且詳盡誠實地評估該方案如何會或不會減損森林的纖維和其他生產力，以及更重要的，該方案對森林之整體健康有何影響。這些評估應該依據以森林為考量的永續及保育標準。方案內容的正確性應該經由獨立人士或單位認證，而此獨立人士或單位不能與伐木作業有任何利益瓜葛。

實際上，目前已有數百萬英畝的商業林地被認證為永續經營者。大盤買主及零售顧客開始可以獲知從森林到工廠到銷售地明確的產銷監管鏈（chain of custody）。已有3,000 萬英畝以上的林地獲得永續森林經營的認證，另外

5,000 萬英畝則被納入「正式、國家認可、至少為期五年的森林經營規劃」。不幸，5,000 萬英畝僅佔了全球森林面積的 6％，更不用說，那些森林規劃有許多根本從未執行。獲得認證的森林之中，90％位於美國、芬蘭、瑞典、挪威、加拿大、德國、波蘭等工業化國家；換句話說，南方的森林及森林棲居者仍未受到保護。

永續森林經營的理念必須導正

森林監護委員會（Forest Stewardship Council）和泛歐森林認證委員會（Pan European Forest Certification Council）是兩個主要的認證單位。森林監護委員會是由環保團體和木材公司所設立，其功能在於告知消費者哪些木材製品來自「環境方面可接受，社會方面有助益，經濟方面可永續」的來源。關於優良森林經營的內涵，森林監護委員會正在擬訂一些原則及以生態系為考量的標準。不過，森林監護委員會接受它所認證之公司的金錢資助。結果呢？

一項晚近針對森林監護委員會在巴西、加拿大、印尼、愛爾蘭、馬來西亞、泰國之作業所做的調查發現，有些獲得該委員會認證的公司「涉嫌嚴重侵犯人權，包括凌虐及射殺當地人民；在原始熱帶雨林進行砍伐，其中棲息著世界上最有滅絕之虞的一些野生動物，例如蘇門達臘虎；偽稱遵守森林監護委員會的稽查規定，在未經認證的木材標示該委員會之認可標記。」

泛歐森林認證委員會是由歐洲的森林擁有者和產業代表所設立。芬蘭的 98％森林和挪威的三分之二森林已得到永續經營的認證；這只顯示了一個事實，即這個組織存在的目的是為了替不能繁殖的人工林做認證。

當博伊西加斯凱德、威爾浩澤、常青集團、三林集團以及其他惡名昭彰的公司也獲得認證時，認證還有什麼意義？產銷監管鏈證明書可曾提到奴工、走私的原木、有毒物的污染？森林倫理協會（ForestEthics）和雨林行動網絡（Rainforest Action Network）應該（也正在）將走私者及屠殺者一一揪出，讓他們無所遁形，向建材店曉以大義，叫他們只賣認證木材。但是，只要我們不改變當前的文化報償制度，就永遠會有政客願意丟棄公共資源，永遠會有伐木者願意砍伐古老森林，永遠會有專家願意假造產銷監管鏈證明，永遠會有顧客願意購買最便宜的產品，而不管這產品是殺了什麼人才製造出來的。到最後，只有以當地消費為目標的低科技林業經營才可能達成真正的永續性。

同時，我們或許可以要求木製品經營者向稽查人員及消費者提供清楚完整的產銷監管鏈證明。我們或許也可以擴大森林資源的保護措施，逐步恢復天然林。

真是不錯的想法——但也別過於樂觀。

有效的辦法：復育性林業

我們需要保護生態系，最主要是為了生態系本身，但也為了我們自己。傳統醫藥所使用的植物超過一萬種，這

些大多採自野地，來自森林。非工業化國家的人民之中，80％以這些植物作為主要醫療藥物；25％的現代藥劑也是從這些植物萃取。

　　復育性林業可以恢復生態系和基因多樣性，以及土壤的養分、結構、生物組成；它可以復育遭受摧殘並已荒廢的林地和農地。我們可以封閉道路，減少沖蝕，阻止車輛及其他機具再度進入林區。我們知道如何降低狗毛林分的密度，以便復育天然林結構。我們已經足以明白，必須控制外來有害物種，必須重新引入樹木、灌叢、真菌、動物、森林居民所構成的完整自然多樣性。我們可以復育河川以減少土壤沖蝕，復育溯河魚類；我們可以做的事很多，這些我們都知道怎麼去做，森林也知道。

　　以下是復育性林業的一個定義：「復育性林業幫助自然恢復森林的健康，讓森林重新具有生物生產力、生物多樣性、生態穩定性及回復力。復育性林業意指增加森林覆蓋面積，擴大森林生態系的齡級分布、蓄積與多樣性。它意指使用妥善的採收〔原文如此〕方式，盡量降低對土壤及植物群落的擾動。它意指森林作業所雇用的人數必須增加許多，而不是減少；森林作業必須使用較小的機具，必須依賴更多拉曳動物。它意指在木材來源地附近設立規模較小的工廠，進行附加價值較高的加工。它意指製造最少的廢棄物，達成最大的回收量，並研發非木材紙漿及建築材料。它意指更多人關心森林，研究森林的複雜機制，讓我們得以不斷改進我們經營森林、與森林共舞的方式。復

育性林業造就高價值木材的穩定收成，皆伐及／或短期輪伐林業則只造就低品質木材的間歇收成。從生態觀點來看，復育性林業好處多了不少；就經濟層面而言，它也較有好處。」

我們有必要區分復育性林業與復育生態學。林業的目的是為了生產木材，如果你是個明智的林木業者，你會把林分（如人工林）的纖維生產力恢復到天然的、最佳的狀態，但你還是個尋求木材纖維的林木業者。

生態工作者會保護或恢復全盤運作的森林生態系；對他們而言，為人類需要而進行的纖維生產絕對不可違逆天然生態系運作的任何部分。

再一次，真是不錯的想法。

有效的辦法：社區林業，揚棄跨國砍伐

我們必須揚棄工業性林業，轉向復育性林業。然後，我們必須揚棄復育性林業，轉向復育性生態工作。

我們也必須揚棄全球化，轉向社區林業。聽著，轉向所有型態的社區。

「社區林業是透過集體決策在公地上進行的村落層級林業活動；當地人民參與森林作物的規劃、栽種、管理、收成，因此得以獲取森林之社經及生態利益的大部分。」

「社區林業若要成功……民眾必須真正參與決策……經驗一再顯示，參與不只是開發方案的口頭禪；如果要達成目標，絕對不能沒有民眾參與。但是許多林木業者過去

都是以壓制手段對付民眾，從未與他們攜手合作。」

「社區林業具有下列特色：地方社區控制著一塊依法明確劃定的林地；關於該座森林之利用，地方社區不受政府及其他外來壓力的支配；若林業涉及木材或其他產品之商業販售，社區不受市場的經濟剝削或外來勢力的其他壓迫；社區對森林的租用權得到長期保障，並視其命運與森林休戚相關。」

「社區林業、社會林業、鄉村發展林業的涵義大致相同，三者都反映了亞伯拉罕・林肯的民主觀——民有、民治、民享。」

「由於其政治面向，社區林業成為民眾抵抗『外來者』操控及掠取社區資源的一條途徑。生態、公平、社會正義都是這項抗爭的宗旨。」

這理所當然。

無法律約束力的國際保育公約

已經有許多國際條約和協定、貿易規章、意向聲明以推動永續經濟，保護森林、瀕危物種、森林居民人權為宗旨。此等協定和條約包括下列：1994 年的聯合國永續發展委員會暨全球社會發展高峰會；1992 年聯合國環境與發展會議草擬的「里約森林原則」，其正式名稱為《關於所有類型森林的管理、保存和可持續開發的無法律約束力的全球協商一致意見的權威性原則聲明》；1992 年的生物多樣性公約；遷移物種保育公約；瀕危野生動植物國際

貿易公約；國際熱帶木材協定；濕地保護公約和世界遺產保護公約；聯合國教科文組織「人與生物圈計畫」所提的生物圈保護區方案等等。

說真的，在上面這段文字之中，以及大多數提到的條約裡，你只需要讀幾個字，就是里約森林原則正式名稱中的「無法律約束力」。你需要知道的幾乎盡在這六個字。

的確，主事者用了相當大的熱忱、腦力、辛勞，才促成這些協議的草擬和簽署，但整體而言，這些協議的陳述和意向互相矛盾之處多得令人無所適從，也充滿天馬行空的抽象言辭。譬如，里約森林原則包含了下列陳述：

「國家政策與策略應該提供一個架構，以利於相關行動之擴展，包括涉及森林與林地之管理、保育和永續發展的機構和方案的發展與強化。」

「應該致力推展有助於所有國家之森林永續且無損環境開發的國際經濟情勢，此中應該做的，還包括推展可永續的生產及消費模式，消除貧窮，以及食物安全之促進。」

「應該致力於全球綠化。」

「應該提供新增的財務資源予發展中國家，使之得以永續管理、保育和開發其森林資源。」

上面每一條陳述都提到的最重要的兩個字是「應該」。他們說的不是「將會」，不是「必須」，而是應該。一如以往，我們得到的是空話，當權者得到的是森林。

這些官方說辭以永續性的綠色外表做掩飾，隱藏了木材及紙品全球化產業貿易的真相。相對於關貿總協及後續

之世貿組織所簽訂的約束性條約和貿易規約，生物多樣性和森林保護的協定根本形同廢紙。

雖然這不太可能，但即使森林保育協定能夠去除自身的矛盾，換用另一套直指問題的文字，到那時，話雖好聽，可還得在政治擔當、政府資金挹注、實際執行情況上有徹底的轉變才成得了事。

即使這些協定和規約付諸行動，我們能期待的只是技術、經濟、法律上的小改革，而非森林危機的真正解決。終究，土地和資源使用的主要決定者必須是地方百姓，必須是這些瞭解、愛護、倚賴森林的人。

在地居民無法發揮監督力量

我們以我們的民主自由自豪，但一超出國界，我們連民主假象都可以免了。現存的人類語言之中，有一半使用於巴布亞新幾內亞、剛果盆地、亞馬遜河域。如果不會說英語的人也有機會發言，民主的境界將大為改觀。得了，如果不會扯什麼高級複雜融資的人也有機會發言，民主的境界亦將改觀。

「香蕉共和國」（註1）常常因土地分配不均受到譴責，但美國的土地分配情況並沒較好。在巴西，2％的農場佔了54％的土地；在宏都拉斯，5％的農場主擁有三分之二的可耕地；在美國，土地最多的5％地主（不是總人口的5％）擁有75％的土地，土地集中的情形比宏都拉斯還嚴重；在1970年的加州，25個（不是25％）地主擁有

58％的農地。如上文所提，美國及全球各地最大的地主之中，許多是木材公司。

全世界沒有土地的人則靠著他們原有土地的一小部分糊口；這些土地還用得到，是因為地主保留了下來，讓人們得不到土地，而成為廉價勞工，以及進行房地產炒作。

我們不需要「民眾參與、共識及合作」，不需要由企業及政府菁英所主導的「社區林業」方案，我們需要的是地方百姓對土地與市場的監控。只有當市場是地方性的、面對面的、自願的、透明的、低科技的、以相互善待為基礎的，亞當・史密斯所說市場中那隻看不見的手才會發揮作用。但已經有很長一段時間，情況不是如此。

無效的根源：既得利益之當權派

一些草根組織和聯盟曾經針對森林保育問題提出聲明，許多這類聲明明確指出，人權及環境保護優先於經濟「開發」。譬如，1989 年 4 月在馬來西亞檳城簽署的世界保護雨林運動宣言呼籲聯合國和各國政府「賦予森林居民及倚靠森林為生者保護森林的權責。」該宣言要求聯合國給予這些人「決定他們地區之政策的主控權」，「拋棄以設想的非森林居民之文化優越性為前提的社會及經濟政策」，「停止一切會直接或間接造成進一步森林消失的活動和方案」。

十年之後，1998 年 6 月，烏拉圭蒙特維多宣言承諾「支持以下列為宗旨的國際行動方案：維護地方人民的權

利，支援他們保衛土地，對抗這些人工林的侵入；宣導大型工業性單作人工林的社會及環境負面影響；改變促成這種人工林的情況。」

更晚近，在 2002 年 8 月於南非約翰尼斯堡舉行的世界永續發展高峰會議中，許多團體所簽署的宣言要求：「承認原住民及其他森林居民的領土權益；進行農業土地改革；延緩外債償還；制訂監控企業公司的國際法律文書；建立公平的南北貿易關係；降低北方的過度消費；徹底改革多邊機構（國際貨幣基金會、世界銀行、區域銀行），令之以服務人民及保護環境為目標；暫停熱帶林區的石油、天然氣、礦物勘採。」

這些由生態工作者、社區領袖、原住民撰寫的宣言比國家政府簽訂的條約改進了不少。它們是明智且真誠的呼籲，希望大家回復理性，認同永續。可悲的是，若要期盼目前掌權的政府落實執行、認真看待，或只是承認這些宣言，那可近乎緣木求魚了。

註 1：「香蕉共和國」（banana republics）最初是指其經濟命脈（通常是單作經濟如輸出香蕉、可可、咖啡）被聯合水果公司等跨國企業所把持之中美洲國家，如宏都拉斯、瓜地馬拉、哥斯大黎加；後來也泛用於指稱那些被強大貪污及外國勢力操控之國家。

森林危機的兩大根源

　　每一個國家都有「森林管理」的各項法律、條例、規章與掌理機構，但是森林還是不斷地遭到快速的破壞。問題出在哪裡？這是複雜的問題，人類的浪費行為與缺乏生態的倫理觀可能是其中的兩大關鍵。

　　生活在台灣的我們，到處可以看到浪費的行為：文書用紙、包裝紙、紙袋、紙盒與紙箱、書籍、雜誌、報紙等等，還有木製家具、裝潢、水泥模板，隨時更換隨地拋棄。我們從來不想想這些材料如何在日光、水、空氣的神奇作用下製造出來的，如何從它們的原鄉搬出，花多少能源與製造多少污染與搬運費，送到我們伸手可及之處。我們的經濟體系是靠浪費支撐的經濟，就像飲鴆止渴，最後死於中毒與污染。

　　全球變遷（如全球暖化，生物多樣性喪失，陸地漠化，旱澇交替）的原因之一是森林的大面積破壞，然而，我們沾沾自喜的對策是種植單純的人工林，保留若干不合開採成本的自然地區，或劃設成若干零星分布的國家公園與保留區，以為如此便解決了全部問題。

別忘了根本的問題是人類世界以私產概念看待與使用森林。所有技術、法律、經濟、政治的考量，全出自人類私產化自然資源發展出來的。人類若不除去這個盲點，若走不出這個框架，從此停止破壞，並復育已經破壞的，照顧尚未破壞的森林生態系，大概就沒有可以從根本解決森林危機的良方了。

第十二章

棄絕吉爾伽美什
的應許

我們可以引領朋友，
讓他們見識森林和林中生物的美；
我們還可以問問森林，
他們想要什麼？
我們能為他們做什麼？
我們不再追求吉爾伽美什的虛妄應許，
並以虔敬謙卑之心重回森林。

我們對世界上森林的所作所為，只不過反映了我們對自己和相互之間的所作所為。

聖雄甘地

將人們重新導回自然

我們自己也有一些宣言：立即讓尚存的未開拓森林維持原狀，將工業性林業範圍局限於現有的人工林；一旦我們知道如何做，盡早把大部分，而後全部的人工林回復成天然林。這項工作可以由復育生態工作者來做，他們像傳統森林居民一樣，對特定地區的自然群落有深刻的認識。復育生態學可幫助我們重獲原住民的知識和技術，而這些一向聯繫著特定的地方。復育的目的不是為了纖維生產，甚至不是為了永續的纖維生產，而是為了將生態系及其中的人類導回自然的地區模式和機制。

或許，最重要的是把土地控制權還給屬於土地的人。衛星影像資料顯示，凡是土地所有權屬於原住民的地方，森林遭受破壞的程度就較小。把土地還給長久以來一直生存在那塊土地上，而且屬於那塊土地的人類和非人類。把當權者過去竊取，如今仍在竊取的土地歸還原主。

我們已經意料到這樣的反駁：「那太荒謬了，只是紙上談兵，實在一點吧！拓荒殖民已經把森林居民變成沒有土地，且受雇於農場的農民，工業制度已經把他們變成都市工廠勞工。這或許令人遺憾，或許有失正義，但事情已

經發生了。事情已經過去了（嗯，不完全對，因為事情還持續發生著）。忘了吧！我們已經投入工業文明，我們必須貫徹始終。你認為有辦法叫樹頭長出樹，把道路從森林裡移走，讓農民和工廠勞工再變成森林居民？你提出的不是務實的辦法，事實上還有危險呢。」

務實云云，危險云云，你一定以為聽錯了，要不然他們怎麼說得出這種字眼？他們可是把金錢看得比生命重要，而會說類似這樣的話：「我們必須在經濟體系和環境兩者的需求之間求得平衡。」（當然，這句話完全無意地默認了我們都知道的事實：經濟體系的需求和環境的需求背道而馳。）

什麼才是實在的？

什麼是你珍愛的？

什麼是你害怕的？

什麼是你需要的？

你是什麼樣的人，你珍愛什麼，你害怕什麼，你需要什麼：依這些情況的不同，我們面對的問題也會大有差異。

環境倫理下的社會正義

你跟森林、權力、社會的實際以及自我認知的關係是什麼樣子？

在威爾浩澤公司股東的認知裡，變賣當前資產以獲取最大股息應該是對他們最好的事情：換句話說，就是把森林砍到一棵不剩。股東（至少就其股東身分而言）跟他們

的實際資產（樹木）沒有具體性的關係，更別說森林了。他們心繫的不是森林，不是樹木，甚至不是製造利潤的產品和服務，而是股息所帶來的財富。

我們這些環保人士——草根環保人士，而非山岳協會和奧杜邦學會全國總部辦公室裡那些為財團服務的環保人士——大多苦苦撐著，試圖挽救我們還挽救得了的那麼幾塊森林。我們藉由一切想得出的辦法，用我們的摯情、心力、時間，有時候甚至用身體，去抵擋鏈鋸進入我們所愛的森林。我們每天每刻都在祈求，祈求文明的終結。我們祈求這個文化喪失動力，自行崩解。我們祈求森林砍除和資源掠奪這個漫長可怕的夢魘一去不回。

某些致力於社會正義的人士認為不平等是問題的根源，他們相信，只要帶給窮人充分而公平的「開發」，那麼世界的問題就解決了。他們當中有些人心裡期盼著一場會為眾生帶來正義的無產階級大革命，但他們的「眾生」是否包含了存活於森林之中的人類與非人類？

陷在被掠奪的同胞與外國銀行家之間的地球南方菁英階層期盼什麼，害怕什麼？在他們的美夢，在他們的噩夢裡，森林佔了什麼位置？他們想要為這些古老樹木做什麼，想要從這些古老樹木得到什麼？他們可曾想過這些樹？

巴西和其他國家的貧民窟居民，這些五百年來遭受殖民強權及新自由派征服者掠奪的人，他們又期盼什麼？想要什麼？需要什麼？害怕什麼？我們何其有幸，有幸學會

閱讀，閱讀像你眼前這本書，這本印在從他們住過的土地割取的樹木肌肉上的書——我們能做什麼來幫助他們？

森林居民他們自己呢？原住民呢？他們想要什麼？他們需要什麼？他們跟所居住的森林有什麼樣的關係？我們能幫助他們嗎？即使只是別去干擾他們，讓他們過自己美好而充裕的生活？

虎、蘇門達臘犀牛、紅毛猩猩、賀氏扁手蛙，牠們需要什麼？牠們想要什麼？我們能怎樣幫助？

還有樹木。紅杉、柱松、美國扁柏、美國栗樹、柳安、桃花心木、巴西紫檀、綠心硬木樹、紫心硬木樹、柚木，它們想要什麼？它們需要什麼？你跟居住地的樹木和森林有什麼樣的關係？

殘暴對待森林的文明終致同等回報

我們文明的當前走向才真的不務實，結局必然是死路一條，其可怕的程度大概只有被迫陷入這種恐怖情境者，那些森林中的人類和非人類，以及森林本身才能略知一二。

當柏拉圖的鄉土上還看得出虎、森林、森林居民不久前仍然存在的跡象時，他說過這樣的話：「與往昔景況相比，今日所見猶如枯槁的病軀，肥沃鬆軟的土壤盡失，僅剩光禿一片。……數座山嶺不久之前仍見林木，如今只有蜜蜂尚能存活。……彼時有甚多上品高大樹木……無垠的草地可放牧羊群。再者，宙斯降下一年一度之雨，土地因

之更加肥沃。與今不同，當時雨水未從光禿地表瀉流入海，而滲進深土，存留於沃壤之中，並……致各地得有充沛之泉水及川流。昔日泉湧之處，如今仍留聖殿。」

歸根究柢，森林砍除之舉源於霸權。砍除森林的人能夠這樣做，是因為他們得到國家全部力量的支持。要是有人認為，那些用武力竊奪土地，以武力維持統制，靠槍桿子砍除森林的人會把土地歸還給人類及非人類原主，只因為這是該做的、明智的、人道的、自保的事，那就太天真可笑了。別做夢！

只有當森林消失了，或是我們這些愛護土地的人把他們趕出森林，他們才會離開，才會讓森林不再受干擾。

我們並不期望單單靠這本書就能終止森林砍除，正如我們也不期望靠著蒐集林木標售資料、建立公司表現紀錄、投票、在樹上靜坐抗議、捐錢給亞馬遜守望協會（Amazon Watch）或文化生存基金會（Cultural Survival）這種好心的社團就能中止森林砍除。

我們不知道如何終止森林砍除。我們不知道如何叫砍除森林的人離開森林。不論是森林居民或文明人也都還沒想出辦法，要不然，森林砍除者現在應該已經不見了。

但是，我們的確知道下面這件事：一旦人們知道森林砍除是何等殘暴的行徑，他們就會制止繼續破壞的人。我們寫這本書的目的就是為此，我們為此獻出了我們的生命。

為森林的未來實際付出行動

你跟未來有什麼樣的關係？

人類沒辦法一方面維持工業性的木材及紙類生產，一方面又保有森林。當文明人不再做他們至今一直做的事，這個危機就會自行消失。

當權者不會自行停步。千萬別忘了紅雲的警告：「他們給了許多承諾，多得我記不得。但他們只實現一個。他們說要拿走我們的土地，他們真的拿走了。」

那麼，如果你是個有良知的人，你能做什麼？你可以挺身出力，讓這棵樹木屹立不倒，讓那座森林健康存活。你可以引導你的朋友和同事，讓他們見識森林和林中生物的神奇美妙、內在價值以及存在權利。

我們無需遏止森林危機，大自然會自行解決。全球經濟變得更加混亂，溺陷於全球經濟的社會日益貧困，這時候，我們能做的只是留下一些通路，避免當權者把我們的所愛逼入滅絕之境。護衛重要的，削弱多餘的，摧毀具有破壞性的。

我們可以減少消費，可以少吃肉，少喝咖啡。我們可以食用在地生產的食物；我們可以在衣食住方面自給自足，免得害別人喪失自給自足的權利和能力。我們掌握著支配其他人的強大權力，活在帝國中心的我們可以削弱這一權力架構的社會政治基礎；我們可以促成徹底平等的實現。

我們可以在森林裡花點時間。我們可以問問樹木以及森林，問他們想要什麼。這本書前面曾經描述在老生林散步的情況，這本書也要以同樣的旨趣作結：我們邀請你到老生林裡走一遭。我們人類來自森林，我們將回到森林。

　　我們已經做了五千年吉爾伽美什的忠僕。我們一路摧毀，無視於擴張的荒漠，不在乎消失的動物、骯髒的空氣和水、暖化的地球。我們摧毀了地球上的大部分天然森林覆蓋，卻還裝作沒事。自古流傳的故事說，吉爾伽美什打敗了森林守衛者，文明的力量贏得了森林之戰，但實情並非如此。這場戰役的史詩尚未終結，除非我們不再追求吉爾伽美什的虛妄應許，以虔敬謙卑之心回到森林，否則恩利爾的詛咒將永遠伴隨著我們。

文明傾覆的啟示

本書最後藉著約四千七百年前古巴比倫史詩中主人翁吉爾伽美什的事蹟，要人類正視森林破壞的問題。吉爾伽美什為了建築他的大城，他看上米索布達米亞南方的黎巴嫩雪松（Cedrus labani）森林。史詩中的森林守護者為恩利爾女神（Enlil）。恩利爾曾經預言，一旦人類攻進這座森林，整個森林便草木不留，會完全破壞這個神聖美地。在吉爾伽美什軍隊一場激烈的攻防戰後，人類的貪婪戰勝了，於是所有樹木皆砍光，留下一片光禿地面，巴比倫帝國也成為歷史名詞。

這個故事對我們，甚至全人類有什麼啟示？文明建立在美好的環境（森林、草原、水源、自然資源），而環境破壞了，一切都將歸於烏有。皮之不存，毛將焉附？

台灣的森林保護著下游的發達都市，有維護、清淨與長期供應水源的功能，只是這一點理由，森林就應該好好地維護與管理，何況森林是野生生命的生存與繁衍之處，是維護環境的穩固力量。

台灣山林的悲歌

文◎李根政

編者按：本篇特別收錄李根政先生所撰「台灣山林的悲歌」，可作為《森林大滅絕》一書的延伸閱讀，使我們得以更加真切地了解這片孕育我們、滋長我們的美麗后土。

本文作者李根政，曾任台灣生態學會秘書長，現任高雄市教師會生態教育中心主任。根政長期關懷山林保育，投身於「搶救棲蘭檜木林」以及催生「馬告國家公園」不遺餘力；並為不符社會公義之諸多建設從事長期抗爭。除了站在環保運動的第一線，根政對於本土社會、政經體系演替下土地倫理和環境正義的斲喪，更有著深切的認知。所以展讀此篇，不能只說是一個森林保護運動者的見解，其實您也能同時聽到，台灣森林正對著您，對我們，對這片土地的子子孫孫，述說她一頁頁被遺忘的歷史。

1912 年～日據時代，開啟伐木事業

　　台灣大規模的伐木事業開始於日本時代，1912 年，阿里山區第一列運材車自二萬坪開出。自此，台灣百萬年的原始檜木林開始遭到慘烈的殺戮，漸次淪亡。如今，阿里山留有一座樹靈塔，即為日人大量殺伐檜木巨靈以至手軟、心驚，不得不建塔以告慰樹靈。總計在 1912 年～1945 年間，官營的阿里山、太平山、八仙山三大林場共砍伐森林約 18,432 公頃、材積約 663 萬立方公尺，平均每年伐木 20 萬立方公尺左右。

　　日本的伐木事業，以完整的森林資源調查為本，編定森林計劃、劃分事業區，奠定了台灣現代化的林業經營的基礎。前林業試驗所所長林渭訪對此給予「伐而不濫、墾而有度」的正面評價。

　　然而，高山的伐木所代表的也是對原住民的步步逼近與管控，當數條深入內山、橫貫東西「撫番」道路開闢完成，原住民也隨著檜木巨靈傾倒、生物鏈滅絕，被迫往山下遷移，爾後日益失根、凋零。緊接著在二次大戰末期，實施戰備儲材，日本當局允許軍部直接伐木，為了取材方便，甚至連保安林都大肆砍伐，20 萬公頃以上的林地蕩然，為日本治台留下一頁山林的血淚悲歌。

1945 年～國民政府時代，伐盡台灣檜木林

　　1945 年國民政府來台後，推動「以農林培植工商業」的產業政策，開始大量砍伐原始森林，除延續日人所遺留

林場外，更捨棄原有的伐木鐵路、索道，改開闢高山林道，進行新林場全面皆伐的作業；1956 年在十三個林區厲行「多造林、多伐木、多繳庫」之三多林政；1959 年更公布台灣林業經營方針：下令「全省之天然林，除留供研究、觀察或風景之用者，檜木以 80 年為清理期限，其餘以 40 年為清理期，分期改造為優良之森林。」這一連串耗竭式的伐木政策，鑄下台灣森林全面淪亡的悲劇，也帶給土地無止境的災難。

是年「八七水災」發生，次年又發生「八一水災」，1963 年「葛樂禮颱風」，又引起大水災，此時社會輿論已有檢討之聲，但伐木量仍急劇昇高，1965 年到 1975 年之間，每年平均伐木面積超過 1 萬公頃，其中又以 1971 年的 1 萬 6 千多公頃為最高峰。

1975 年由於政府開始注意森林對國土保安的重要，加上幾大林場的檜木林已幾乎伐盡，伐木量逐漸降低。1991 年政府以行政命令宣布禁伐天然林，大規模的伐木才正式進入尾聲。

總計國民政府來台後，共砍伐 34 萬 4 千多公頃的林地，面積超過三座玉山國家公園。材積約 4,456 萬 7 千餘立方公尺，若以長 10 公尺、載重 15 立方公尺的運材車計算，車車相連全長可達三萬公里，足足可繞行台灣數十圈。

1965 年～林相變更作業，原生闊葉林淪為紙漿

國民政府除了大規模的伐木外，各種錯誤的林業政策更加深山林的災難。

1965 年林業單位開始進行所謂的「林相變更」、「林相改良」。其立論為：台灣的天然闊葉林是無用的「雜木林」、「劣勢林」，一定要將其改造為人工林，才有經濟效益，這項計劃到 1990 年仍在進行，至今這個可怕的思維仍是林業單位「伐木派」的主流思考，不斷的透過各種計劃，試圖砍伐天然林。

林業單位將天然闊葉林改造為人工林的模式，生態學家陳玉峰將之比喻為：「先將山上的野生動物撲殺，然後再將人工飼養的雞、鴨、牛、羊趕上山。」可謂對林相變更、改良一針見血的批判。

這些遭砍伐的闊葉林到那裡去了？ 1968 年，政府核准中華紙漿公司在花蓮吉安設立，1970 年開始以台灣產的闊葉材進行生產，年產 7 萬噸木漿，所用的材料即是「林相變更」作業所砍下的闊葉樹。在此之前，台灣早期的紙漿原料主要是蔗渣。

台灣珍貴的闊葉原始林，就這樣被當成無用的雜木林拿去做成紙漿了！

1988 年～台灣森林運動肇始

漫長的伐木期間，台灣並非沒有諤諤之士發表保護森林之議論，試圖影響政策，如大陸來台有識之士，時任農

復會主委的蔣夢麟，數次為文論及：「唯有保森林、保水土，方能保本島、保子孫。」然而在國治治台初期，林產收入相對可觀，我們可以從 1952 年至 1954 年林產收入竟佔公有事業總盈餘之三至四成，可看出其重要性。

伐木的高峰期，國土保安根本不敵國策：「獎勵林產品對外貿易及勞務輸出，以爭取外匯收入。」那時，很少人為「森林」說話，僅有限的文獻紀錄這一頁滄桑史，例如李剛先生的著作「悲泣的森林」，再來就是人間雜誌與賴春標先生了。

1988 年，長期關心、紀錄山林砍伐的賴春標先生在人間雜誌發表「丹大林區砍伐現場報告」等文章揭開森林運動的序幕，全台超過 100 名大學教授連署發布「1988年搶救森林宣言」，然後由綠色和平工作室及人間雜誌發起「救救我們的森林」遊行活動，林俊義教授率領「森林上街頭」遊行請願群，當年 3 月 24 日以綠色和平工作室及台灣環保聯盟為主導的保育團體，聯合社會各界護林人士數百人，正式走向台北街頭，為台灣森林請命；1989年 3 月 12 日植樹節再度結盟千人走向街頭遊行。這波森林運動促成了林務局在當年 7 月由事業機構及事業預算改制為公務機構及公務預算，正式宣佈禁伐全台天然檜木林，至此台灣林業正式結束長達 76 年之久的伐木養人政策。

第二波森林運動則啟始於 1991 年 3 月，陳玉峰教授揭發林試所六龜試驗林區屯子山區砍伐櫸木並挖掘樹頭事

件，陳玉峰以一系列文章在媒體廣為披露，並結合了環保團體一連數月發動陳情、抗議、請願，這些行動終於責成當局於 8 月修正「台灣森林經營管理方案」第 8 條為：「全面禁伐天然林、水庫集水區保安林、生態保護區、自然保留區、國家公園及無法復舊造林地區之森林。」此一條文於當年 11 月正式實施。

然而，一紙「全面禁伐天然林」的行政命令就是真正的護身符嗎？ 1998 年展開的搶救檜木林運動粉碎了森林守護者的想望。

1998 年～搶救棲蘭檜木林運動

1983 年起退輔會森林開發處開始以「檜木林相老化」、「根盤甚淺，枯死木及風倒木、缺頂木高達 39％」、「檜木林下層雜草叢生，幾無檜木幼樹存在，在自然演替過程中有將逐漸自然消滅之勢」、「天然生檜木林，枯立倒木為數頗多，容易引起森林火災、影響水庫安全」等理由，進行檜木林的枯立倒木整理作業，將原始檜木林改造為單一人工林，退輔會則聲稱此一作業方式為「保育」；甚且，台灣林業學界也支持這樣的作法，宣稱「枯立倒木整理保育作業對於幼苗與次生林之生長確實有其良好成效…可由此達成天然更新效果，建立健壯天然檜木林相，增進水土保持之功能。」

然而，檜木林存在台灣至少百萬年，沒有人為干預下從未滅絕，歷來嚴謹的學術研究也一再指出檜木的天然更

新良好。

　　1998 年賴春標發現了這項作業，尋求社運團體共同關心，由陳玉峰教授進行調查、寫作、教育，不斷向大眾揭露此一假保育、真伐木的暴行，同時數十個社運團體共組的生態保育聯盟也展開了拜會官員、民代，召開記者會，至官署抗議、陳情等動作，引起媒體與民眾的注意。這波搶救棲蘭檜木林運動，遂在社會輿論和國會的多數支持下，於 1999 年迫使國民黨政府停止了退輔會在棲蘭山檜木林的枯立倒木整理；然而，卻也面臨林業界的集體反撲。為尋求檜木林的終極保障，保育團體提出了成立國家公園的訴求，並在 2000 年獲得民進黨總統候選人陳水扁的政治承諾，這期間以陳玉峰、田秋堇、本人等保育人士，以及阿棟・優帕斯為主的原住民人士透過陳情、遊說、參與體制內的運作並發動遊行，希望建立一套由原住民族和國家公園共管的制度，重新彌補原住民族與山林的臍帶關係，將原住民權益與山林保育相連結。但本案涉及政府林業開發與保育部門的矛盾，甚至牽扯出族群與統獨意識的角力，民間以微弱的力量，抗衡著政府、政黨、立委、甚至媒體的抹黑，最終政治實力、政治立場決定了馬告國家公園的命運，預算被刪除，國家公園胎死腹中。

　　這波森林運動除了面對歷史糾葛下原住民的課題之外，對抗的仍是林業官僚和傳統的森林學界長期以來根深柢固的「森林＝木材利用」價值觀。

1996-2004 年～全民造林運動，災難不絕

　　半世紀以來，林業單位將森林當作山地作物，造林是為了砍樹，主要著眼於經濟效益，至 2000 年為止，人工造林面積累計已達 114 萬多公頃，接近全台面積 1/3。若以林木的生長速率換算，可讓台灣的民生用材自給自足，但是目前台灣的木材需求有 99％以上仍仰賴進口，數十年來林業單位所造之人工林幾乎沒有任何經濟用途，假造林、路邊造林等弊端重重。而且經過一再的災變證明，伐木後的造林、林相改良，摧毀無可回復的原始生態系；人工林地的水土保持不佳，更是種下日後崩山壞水的主因。

　　另一方面，政府透過造林貸款、獎勵私人造林、農地轉作造林等計劃，希望能解決日益嚴重的山坡地超限利用。然而，造林獎金始終難敵檳榔、茶、高冷蔬菜等農作的收益，於是獎勵照拿，樹種了再砍，山林依舊破碎，獎勵造林反而造成山地濫墾的持續惡化。

　　近年來，有二項的造林政策可以充分說明歷來造林政策的荒謬：

　　其一，1996 年賀伯颱風在中部造成嚴重的土石流之後，林業單位再推出「全民造林運動」，以 20 年每公頃 53 萬元的獎勵金鼓勵人民在山地造林，希望可以進行國土保育，解決土石流的問題。但經民間實地調查後，卻發現這項運動的作法極其荒謬，竟是鼓勵人民先皆伐森林、放火燒山，再種小苗！這項政策在筆者等保育團體的努力下，終於在 2004 年由行政院下令停止，然而，八年來已

毀林數萬公頃。

其二，2001 年，桃芝風災之後，行政院又宣示要編定 48 億進行造林，並鼓勵人民響應，號稱要「用樹根牢牢抓住台灣的土地」、「種樹救台灣」。但可笑的是，桃芝颱風重創的是花蓮縣、南投縣，但 87.5％的樹卻是種在毫無災情的台中大肚山區，顯然是愚弄人民。

對此，我們該檢討的是：為什麼數十年來造林不斷，災難不絕？

事實上，如果真的是為了國土保安，根本不需造林！

台灣山林政策總體檢：土地公比人會種樹！

一百多年前，提出演化論的博物學者達爾文，做了一個小觀察，取家附近 210 公克的泥土，置放陽台六個月，結果共萌發出 537 小苗；台灣官方的農委會特有生物研究中心，2000 年時從海拔 1200 公尺的烏石坑採回的 1 ㎡土壤中，經過四個月，共萌發 43 種，765 株的小苗；陳玉峰教授採取山坡各種不同植被下之土壤，各取一平方公尺、厚十公分的表土進行觀察，結果得出任何土壤中，平均每平方公尺表土，可萌發的種子約 1 萬粒之結論。也就是無需人為種樹，土地公比人會種樹！

台灣需要的是讓大地休養生息，自然復育。如果政府不檢討幾十年來之造林績效以及破壞自然的山林政策，種再多的樹，也解決不了山林的困境！「種樹救台灣」將只是圖利少數人，簡化了山林的危機，無助於土地的穩定，

更讓官僚逃避應負的政治責任，拖延了山林政策應進行的全面體檢。

「零存整付」，錯誤的山河整治

民國 70 年伐木的全盛時期，為了大規模砍伐深山林區的檜木林，炸山挖壁、推土石入河谷，大開林道達 3,682 公里，所到之處山崖崩落，水土破壞，森林消失！而隨後建造的中橫、新中橫等高山道路，工程所到之處，一樣崩塌處處，山坡地滿目瘡痍。完工之後，一遇大雨，路基流失，政府必需花費無數經費進行整修，而山坡上的土石，則往下流竄，威脅下游居民的安全。

1959 年台灣發生八七水災，造成 1,123 人死亡失蹤，面對災難，政府開始一方面投下鉅資辦理治山防洪的工程，另一方面卻不斷提高伐木量。截至 1996 年止，為了阻擋河道的土石崩塌，林業單位在河道上蓋了近一座又一座的攔沙壩，共計 4,849 座攔沙壩，試圖攔阻土石的流竄。然而，由於攔沙壩很快淤積，不得不再往上游蓋；萬一哪天來一次大颱風，壩體承受不住，攔沙壩便全數潰決，是謂「零存整付」。而歷年來耗費百億以上的整治經費也隨之泡湯……

山地濫墾所付出的代價

日治時代鼓勵人民申請墾殖，為今日山地造鎮之起始。國府接台後，由於國土欠缺規畫、農林政策不斷搖擺，

致使山地每隔幾年便重新翻地，換植作物。在此同時，尾隨伐木林道、阿里山、新中橫等高山公路而上的違法濫墾的茶園、檳榔、果樹、高冷蔬菜、林下的遍植山葵等等，直逼中央山脈屋脊。加上「農業上山」，寺廟、高爾夫球場的上山……一連串的政策錯誤，也誤導了人民投入濫墾，全面啃蝕土地僅存的生機，如同在傷口上灑鹽，帶給山林永遠無法療癒的傷口。

1993 年「台灣生態研究中心」，研究阿里山違法茶農的收益和社會付出成本的相關性，計算出茶農每賺一塊錢，台灣社會就要付出 37 ～ 44 元。但如果再加上近來土石、旱澇之災，我們不得不承認先前太過低估了山林濫墾後，社會要付出的代價了。

然而錯誤而矛盾的政策依然繼續上演，而且由政府鼓勵。君不見，農委會號稱的台灣四大旗鑑農產品就包括高山的烏龍茶，連總統出國的「伴手」也是烏龍茶；另外，阿里山區成立國家風景區，同樣是在鼓勵人民上山購買山葵、高山茶等破壞國土的農產品。

400 年來，由於漢人的墾殖，台灣西部平原的疏林草原為耕地所取代，加上獵捕的壓力，1967 年台灣最後一隻梅花鹿在野外滅絕；中低海拔闊葉林的砍伐殆盡，迫使該林帶生物鏈最高的獵食者—台灣雲豹也消失了，1983 年獵人陷阱中的一隻幼豹是最後的絕響，從此再也沒有人目睹這種神祕的動物；然而，這僅是指標性的明星物種，永遠不會有人知道的是 1912 至 1991 年間恐怖的全台山林

皆伐中，究竟有多少物種消失了，伐木事業毀滅了千千萬萬生靈的本尊及其棲所。

台灣水患的根本問題

2005年，台灣陸續接受612水災、海棠颱風、瑪莎、泰利颱風的洗禮，各地發生淹水不意外，但奇怪的是大雨來卻沒水喝，桃園、高屏停水問題嚴重，原因是原水的濁度過高，筆者相信，這並非空前，遠在1959年的八七水災、1996年的賀伯、2004年的敏督利等，不勝其數的災難，反映的正是大地反撲的警訊；這也不會絕後，因為台灣天然的防護罩已然瓦解。

根據本文的綜合的研判，歸納其成因如下：

首先當然應上溯自1945年以來國府治台的森林大破壞，先摧毀台灣最根本的維生命脈，此為山地危弱的主因。

二者，為伐木闢建的數千公里林道、以及北、中、南的橫貫公路，一方面造成源源不絕的土石，二方面成為農業上山、山地濫墾、新聚落發展的絕佳途徑，完全改變山地土地應有的利用型態，永久性地重創山林。

其三，因為水土不保，於是攔沙壩、擋土牆、消波塊等水泥怪獸試圖彌補潰爛的山林，無奈越補越大洞，反倒形成另一造災運動，攔沙壩成為「零存整付」的不定時炸彈。

其四，由於山地保水能力破功，大雨一來，原本滯流

山地，緩慢流出的洪水，一路狂瀉而下；加上柏油、水泥鋪面的平地根本無力吸納，淹水遂成常態。

其五，淺山、平地加速開發，河川截彎取直，爭取新生地，原本洪氾區成為聚落，除非投下天文數字進行築堤、抽水站等排水工程，否則一定淹水。

其六，沿海地區地下水超抽，導致地層下陷，只要一遇滿潮，無有例外，一定淹水。

上述因素構成今日土石流、雨季濁水、各地淹水的主因，然而，由於災難是漸次累積、加乘，一開始並不嚴重，直至石破天驚的 921 地震，鬆動了全台地土，原本人造的孽加上天災，遂成摧枯拉朽之勢。而從去年的敏督利、艾莉，今年的海棠、瑪莎、珊瑚颱風一波波極端氣候推波助瀾之下，大地反撲之勢已無可擋。也就是說，如今每逢颱風必因「水濁」缺水，並非單獨的治水問題，其實是亟需進行國土規劃、土地利用全面體檢的重大時刻。

誰來負責？

在筆者連續針對水患問題進行投書之後，有一位台中的老林農來電鼓勵並提出觀點，他認為台灣山林問題最大的盲點是，破壞山林的罪孽要很久才會出現，屆時造孽者之責任早已被淡忘，無人會進行歷史反省，進行追蹤檢討，遑論追究責任？再者，以世代利益之格局進行國土規劃，推動政策，也需十年、數十年甚或更久，才得以看出成果，因此，政治人物根本沒有興趣！

台灣人的確是「健忘」而且對土地歷史「無知」的族群，同時對歷史的褒貶更混雜著族群意識，很難追求「相對客觀」。

　　海棠之後，我在台北坐上一位操著外省口音的司機阿伯，他開口便罵，「都是陳水扁啦！害我們被水『扁』得這麼慘！以前二位蔣總統時代都沒有可怕的土石流…」那天，我正為了原住民參與山林守護，到行政院提供建言，一股火氣油然而生，不禁開口述說台灣山林開發緣由，釐清歷史脈胳……

　　事實上，今天的崩山壞水，怪到民進黨政權，確實不公允。若要論歷史功過，應上溯至國民黨治台的兩蔣時代，以農林培養工商，視森林為生財工具，為伐木找藉口無所不用其極，在短短二、三十年毀掉台灣最重要的綠色長城，外加安置榮民伐木養人、開山築路為罪魁禍首；其次李、連政權，鼓勵農業上山，放任國有林班地、原住民保留地持續濫墾，再度摧毀維生命脈，而歷來治山防洪只是補破網，越補越大洞，如今在九二一地震後，全球極端氣候推波助瀾下，土石流、水災、旱災，甚至雨季時因濁水而鬧水荒已是常態。如果要清算總成本帳，將會發現過去伐木養人所賺取的金錢，與治山防洪、旱澇之災所付出的高昂代價，根本無法相較。民進黨欠台灣人的帳，是從未針對國府治台五十年的歷史陳嘯，經建迷思進行徹底檢討與反省；尤其缺乏承擔為土地沈冤平反，進行價值的扭轉、釐訂根本的改革政策。

我講完後，老先生沈默近三十秒，隨後便開始倚老賣老，聲稱他的經驗豐富，怎會不知道誰該負責…。總之，愛兩蔣恨阿扁，與真正的是非不一定相關，族群的銘印在這一輩人中確實不易抹滅，也許應抱以同情和理解。然而，我憂心的是朝野政黨中有權之士，舉國知識菁英，在進行決策與各種評論時，其水平似乎與這位阿伯相去不遠，同樣欠缺台灣土地的客觀資訊？

　　2004 年 7 月的敏督利颱風後，行政院提出國土復育特別條例，堪稱有史以來最重要的反省與回應，唯綜觀其重點似乎在於財源的籌措，意突破舉債之限制，而不在於對歷來山林管理之總體檢討。

　　事實上，台灣山林的問題極需面對歷史糾葛下複雜的人地關係，以及紊亂、重疊、互相傾軋矛盾的山林治理機關與政策，絕非短期可以竟其功，如果當局真的有心，應把重點放國家體制與政策的總檢討上，由行政院整合基層、民間、各領域專家學者之意見，進行精確的土地、產業調查，釐訂至少 30 年之國土復育方案，由各政黨簽署備忘錄，承諾國家預算之支持，以及不論誰執政都持續推動——否則，以台灣惡質的政治生態，很難抵擋各種既得利益的反撲或隨著政黨輪替而虎頭蛇尾，消失無蹤。

　　而其基本原則，民間建議第一要務是保護僅存的天然林，次為進行林地分類，將林地區分為保育地和經濟地兩大系統，讓保育地完全不受人為干擾，自然演替恢復為天然林，經濟地則以嚴謹的規劃從事林業、農業、旅遊、聚

落等利用。

　　而人民呢？請認知這一頁森林悲歌，看清歷史的真相，判別政策、政治人物的格局與政績，承擔每個人對於斯土的責任。

全球森林與台灣責任

　　台灣的環保風氣，向以都會型、休閒式的蔚為主流，反公害運動則只剩零星開展，而反棲地破壞的開發案，則結合著棲地保護、文化保存、族群生存等命題進行著跨領域的合作抗爭，但這些都有一個共同點，就是平地的環境問題較受關注，「山林」向為環境運動失落的一角。

　　同時，推己及人，我們必須認知，全球森林保育對於地球生態的意義，故應清楚的讓國人知道，每個人價值觀念、消費行為與行動，都會影響著全球原始森林的存亡——尤其，台灣99％的木材都仰賴進口，做為地球村的一份子，我們至少要關注日常消費的大量木材裝潢、傢俱、紙張等森林製品，是否讓我們成為屠殺原始森林、迫害生靈的凶手?!

地球公民基金會董事長

李根政

新自然主義 綠生活｜新書精選目錄

序號	書名	作者	定價	頁數
1	放手吧，沒關係的。沒有低谷就不會有高山，沒有結束就不會有開始；留下真正需要，丟掉一切多餘，人生會更輕鬆美好	枡野俊明	300	280
2	狗狗心裡的話：33 則毛小孩的療癒物語	阿內菈	250	160
3	生命中的美好陪伴：看不見的單親爸爸與亞斯伯格兒子	黃建興	250	184
4	綠色魔法學校：傻瓜兵團打造零碳綠建築（增訂版）	林憲德	350	224
5	我愛綠建築：健康又環保的生活空間新主張（修訂版）	林憲德	260	168
6	千里步道，環島慢行：一生一定要走一段的土地之旅（10 周年紀念版）	台灣千里步道協會	380	264
7	鷹飛基隆：台灣最美的四季賞鷹秘境	陳世一	224	450
8	【彩色圖解】環境荷爾蒙：認識偷走健康、破壞生態的元兇塑化劑、雙酚 A、戴奧辛、壬基酚、汞…	台灣環境教育協會	208	380
9	綠色交通：慢活・友善・永續：以人為本的運輸環境，讓城市更流暢、生活更精采（增訂版）	張學孔 張馨文 陳雅雯	380	240
10	亞曼的樸門講堂：懶人農法・永續生活設計・賺對地球友善的錢	亞曼	380	240
11	我們的小幸福小經濟：9 個社會企業熱血追夢實戰故事	胡哲生、梁瓊丹 卓秀足、吳宗昇	350	240
12	英國社會企業之旅：以公民參與實現社會得利的經濟行動	劉子琦	380	240
13	省水、電、瓦斯 50% 大作戰 !! 跟著節能省電達人救地球	黃建誠	350	208
14	我在阿塱壹深呼吸：從地理的「阿塱壹古道」，見證歷史的「瑯嶠 - 卑南道」	張筧 陳柏銓	330	208
15	恆春半島祕境四季遊：旭海・東源・高士・港仔・滿州・里德・港口・社頂・大光・龍水・水蛙窟 11 個社區・部落生態人文小旅行	李盈瑩 張倩瑋 張筧	350	208
16	一個人爽遊：東港・小琉球：迷人的海景・生態・散步・美食・人文	洪浩唐	330	190
17	荷蘭，小國大幸福：與天合作，知足常樂：綠生活＋綠創意＋綠建築	郭書瑄	320	224
18	挪威綠色驚嘆號！活出身心富足的綠生活	李濠仲	350	232

訂購專線：02-23925338 分機 16　　劃撥帳號：50130123　　戶名：幸福綠光股份有限公司

新自然主義 新醫學保健｜新書精選目錄

訂購專線：02-23925338 分機 16　　劃撥帳號：50130123　　戶名：幸福綠光股份有限公司

不當的延命治療，徒然陷入「想死卻不能死」的痛苦！

輕鬆自在走好最後一哩路

幸福全人生，生死皆自主

◎川嶋朗 著（日本整合醫療權威）

◎頁數：216 頁　◎定價：260 元

人們為長壽付出多少代價，第一線的醫師最知道。作者目睹許多病患插滿維生管線，為多活幾天飽受折磨。不當的延命治療，讓許多人處在「想死卻不能死」的痛苦中。本書從專業醫師角度，分析各種延命治療的特性，及可能的副作用，讓人們了解這些處置的真面目。

笑淚交織的溫暖作品，讀過《去看小洋蔥媽媽》，更不能錯過本書

93 歲的老媽說：
我至少要活到 100 歲！

朗朗照護：70 多歲姊妹，照護 93 歲媽媽的開朗自在手記

◎米澤富美子 著（慶應義塾大學名譽教授）

◎頁數：224 頁　◎定價：320 元

本書敘述作者在照護高齡母親的海嘯中載浮載沉的過往，努力不讓自己溺斃在洪流中。但願能不覺苦、不覺難的堅持下去，讓負責照護的自己可以「樂觀開朗」，被照護的媽媽也能夠「歡喜爽朗」，雙方都「朗朗」過日。

訂購專線：02-23925338 分機 16　劃撥帳號：50130123　戶名：幸福綠光股份有限公司

一個人住，不代表孤單，而是快樂自在的象徵！

一個人的生活

雖然有點寂寞，卻獨享自在

◎ORANGE PAGE 編輯企劃

◎頁數：160 頁　◎定價：350 元　◎尺寸：17*23 公分

本書內容取材自不同領域而有所成就的美食家、漫畫家、設計師、攝影師、作家等，她們分屬不同年齡層，各自因為不同的理由，過著一個人的生活。用自己所領悟的方式安排生活。雖然偶爾會有孤單、不安的情緒襲來，可是，她們異口同聲表示「不受打擾的自由時間、一個人獨享的自在空間，再再難以被取代」。

選擇過簡單從容的生活，人生將如釋負重，加倍輕鬆喜樂！

放手吧，沒關係的。

沒有低谷就不會有高山，沒有結束就不會有開始；留下真正需要，丟掉一切多餘，人生會更輕鬆美好

◎枡野俊明 著（曹洞宗德雄山建功寺主持）

◎頁數：288 頁　◎定價：300 元

所謂的「煩心事」，就是「煩惱也解決不了的事」。該放手的便放手，這樣才能把有限的人生時間美好運用。心理的慾望太多、環境雜物太多，生活就會更煩躁。選擇過簡單而從容的生活，人生將如釋重負，加倍輕鬆喜樂。

訂購專線：02-23925338 分機 16　劃撥帳號：50130123　戶名：幸福綠光股份有限公司

森林大滅絕
森林消失後，土地失去覆蓋，
蟲鳥禽畜失去棲息地，人類只剩沙漠化。

作　　者：戴立克・簡申（Derrick Jensen）
　　　　　喬治・德芮芬（George Draffan）
譯　　者：黃道琳

編輯顧問：洪美華
總 策 劃：文魯彬
總 編 輯：蔡幼華
責任編輯：何　喬、王桂淳
出　　版：幸福綠光股份有限公司
　　　　　台灣蠻野心足生態協會
地　　址：台北市杭州南路一段 63 號 9 樓
電　　話：(02)23925338
傳　　真：(02)23925380
網　　址：www.thirdnature.com.tw
E - m a i l：reader@thirdnature.com.tw
印　　製：中原造像股份有限公司
電腦排版：中原造像股份有限公司
初　　版：2014 年 1 月
二　　版：2018 年 5 月

郵撥帳號：50130123 幸福綠光股份有限公司
定　　價：新台幣 280 元（平裝）

國家圖書館出版品預行編目資料

森林大滅絕：森林消失後，土地失去覆蓋，蟲鳥禽畜失去棲
息地，人類只剩沙漠化 / 戴立克 . 簡申 (Derrick Jensen), 喬
治 . 德芮芬 (George Draffan) 著；黃道琳譯 . -- 二版 . -- 臺北市：
幸福綠光 , 2018.05
　面；公分 -- (蠻野心足系列 ; 4)
譯自：Strangely like war : the global assault on forests
ISBN 978-986-96117-3-2(平裝)

1. 森林生態學 2. 森林保護
436.12　　　　　　　　　　　　　　　　　107004079

寄回本卡，掌握最新出版與活動訊息，享受最周到服務

加入新自然主義書友俱樂部，可獨享：

會員福利最超值

1.購書優惠：即使只買一本，也可享受8折。消費滿500元免收運費。

2.生 日 禮：生日當月，一律只要定價75折。

3.即時驚喜回饋：（1）優先知道讀者優惠辦法及A好康活動

　　　　　　　　（2）提前接獲演講與活動通知

　　　　　　　　（3）率先得到新書新知訊息

入會辦法最簡單

請撥打02-23925338分機16專人服務；
或上網加入http://www.thirdnature.com.tw/

facebook　新自然主義　　　　　　　　🔍

幸福綠光閱讀網

（請沿線對摺，免貼郵票寄回本公司）

□□□□□

姓名：

廣 告 回 函
北區郵政管理局登記證 北 台 字 03569 號
免 貼 郵 票

地址：_____ 市
　　　　　　　縣 _____

鄉鎮
市區 _____

路
街 _____ 段

_____ 巷 _____ 弄 _____ 號 _____ 樓之 _____

新自然主義
幸福綠光股份有限公司
GREEN FUTURES PUBLISHING CO., LTD.

地址：100台北市杭州南路一段63號9樓
電話：（02）23925338　傳真：（02）23925380
出版：新自然主義・幸福綠光
劃撥帳號：50130123　戶名：幸福綠光股份有限公司

BOOK

新自然主義

BOOK

新自然主義